王大东 编著

Robotics Programming with NAO

NAO
机器人程序设计

清华大学出版社
北京

内 容 简 介

本书以 Python 语言为主要编程语言,介绍 NAO 机器人编程模型、编程方法、API 编程和 Choregraphe 使用。全书共 8 章,主要内容包括 NAO 机器人概述、Python 编程基础、NAO 编程基础、运动控制、音频处理、视觉处理、传感器、使用 C++ 编写程序。附录包括 NAO 机器人的基础操作、传感器与执行器键表、NAO 安装的 Python 库等内容。

全书由浅入深地讲解知识点,有助于读者快速掌握机器人的基础知识、API 调用方法及编程模式。书中内容既包括 Choregraphe 环境下的程序设计,也包括 NAOqi 框架下的 API 编程,对 NAO 机器人有不同了解程度的读者都可从中获益。

本书可以作为 NAO 用户的操作参考书和编程参考书,也可以作为高等学校计算机及相关专业的 "NAO 机器人程序设计"课程的教材。

本书封面贴有清华大学出版社防伪标签,无标签者不得销售。
版权所有,侵权必究。侵权举报电话: 010-62782989 13701121933

图书在版编目(CIP)数据

NAO 机器人程序设计/王大东编著. —北京:清华大学出版社,2019
ISBN 978-7-302-52571-4

Ⅰ. ①N… Ⅱ. ①王… Ⅲ. ①机器人—程序设计 Ⅳ. ①TP242

中国版本图书馆 CIP 数据核字(2019)第 047081 号

责任编辑:袁勤勇　杨　枫
封面设计:傅瑞学
责任校对:焦丽丽
责任印制:沈　露

出版发行:清华大学出版社
网　　址:http://www.tup.com.cn,http://www.wqbook.com
地　　址:北京清华大学学研大厦 A 座　　　　邮　编:100084
社 总 机:010-62770175　　　　　　　　　　　邮　购:010-62786544
投稿与读者服务:010-62776969,c-service@tup.tsinghua.edu.cn
质量反馈:010-62772015,zhiliang@tup.tsinghua.edu.cn
课件下载:http://www.tup.com.cn,010-62795954

印 刷 者:北京富博印刷有限公司
装 订 者:北京市密云县京文制本装订厂
经　　销:全国新华书店
开　　本:185mm×260mm　　印　张:15　　字　数:347 千字
版　　次:2019 年 5 月第 1 版　　　　　　　　印　次:2019 年 5 月第 1 次印刷
定　　价:39.00 元

产品编号:081928-01

前言

仿人机器人是综合运用机械、传感器、驱动器、计算机等技术设计的一种能模仿人的形态和行为的机械电子设备,是在电子、机械及信息技术的基础上发展而来的。仿人机器人仿人的四肢和头部,能够自主完成人类所赋予的任务与命令。

NAO 机器人是一款高端仿人机器人,拥有讨人喜欢的外形,具有一定水平的人工智能,能够与人亲切互动。NAO 是在世界范围学术领域内应用最广泛的仿人机器人,是机器人世界杯 RoboCup 组委会指定的比赛机器人。Aldebaran Robotics 公司将 NAO 的技术开放给所有的高等教育项目,并于 2010 年成立基金会,支持在机器人及其应用领域的教学项目。NAO 可以通过现成的指令块进行可视化编程,允许用户探索各种领域、运用各种复杂程度的程序达到用户想要体验的各种不同效果。

NAO 可在 Linux、Windows 或 Mac OS 等操作系统下编程,拥有开放的编程构架,可以使用 C++ 或 Python 语言控制 NAO。不论使用者的专业水平如何,都能够通过图像编程平台为 NAO 机器人编程。本书介绍编写程序操作 NAO 的主要方法,全书分为 8 章,内容如下。

第 1 章　NAO 机器人概述。介绍 NAO 机器人系统、关节运动模型、机器人操作系统 NAOqi 框架、NAO 的基本操作、网络连接设置和远程登录 NAO。

第 2 章　Python 编程基础。介绍 Python 的基本语法、函数、对象与类、文件和异常。

第 3 章　NAO 编程基础。介绍 NAOqi 进程、模块、阻塞和非阻塞调用、内存等基本概念、工作机制及应用,使用 Choregraphe 进行 NAO 编程的基础知识,包括使用指令盒编程、指令盒的输入输出及参数设置。

第 4 章　运动控制。包括对 NAO 的头部关节、臂部关节、髋关节、腿部关节的介绍,还介绍刚度控制、关节控制和运动控制的基本方法,使用时间轴进行运动编辑的基本概念和方法。

第 5 章　音频处理。介绍音频处理的基本概念、操作音频的 ALAudioRecorder、ALAudioDevice 等基础类模块，声音检测与定位，语音识别，语音合成与对话等内容。

第 6 章　视觉处理。介绍视频设备编程中使用的设备参数，图像捕获、视频录制及视觉设备等基础类的使用方法，视频检测中的红球检测、地标检测、条形码检测和人脸检测等检测类的使用，视觉识别方法等内容。

第 7 章　传感器。介绍使用电池、声呐、LED 和接触传感器的编程方法，设备通信模块的工作机制与应用。

第 8 章　使用 C++ 编写程序。介绍使用 qiBuild 编译远程模块，使用 C++ 编程扩展 NAO API。

附录内容包括开发环境安装与配置、NAO 机器人系统恢复与更新、NAOqi 系统虚拟机、Python 关键字和内置函数、传感器与执行器键表、NAO 安装的 Python 库。

具有 Python 基础的读者可以跳过第 2 章，只对机器人舞蹈感兴趣的读者可以直接查看相应章节。只需要在计算机上安装 Python 编辑器（本书使用 PyCharm）、NAO 的 Python 库和 Choregraphe 就可以运行书中的所有 Python 代码。只有第 3 章示例代码给出了运行环境说明，调试其他章节示例程序时需要注意运行环境。希望每位读者都可以完成本书的学习并运行示例代码。

本书各章内容相对独立，但是在内容安排上按照先易后难原则编写。前面章节解释的语句后面再次出现时不做解释，读者在学习时尽量按照章节顺序阅读和调试程序。书后附录所列内容，如参数、软件安装步骤、刷机方法等，供需要时查阅。

本书面向初学者，内容并未包含 Choregraphe 提供的全部指令盒，对 Python 语言的介绍比较简单，仅选择了编写 Choregraphe 程序时必须掌握的 Python 基础知识，书中使用的示例程序也不涉及复杂算法。读者在掌握 NAO 系统的基础概念、开发设计思路后，可以参考 NAO 随机英文文档，查阅 NAOqi 提供的更多 API。本书前 7 章示例用 Python 语言编写，读者如果使用 C++ 语言，可以先学习第 8 章，再查阅、调试 NAO 随机英文文档中 C++ 语言的示例代码。由于篇幅有限，部分内容未能在书中阐述，读者可在清华大学出版社网站（http://www.tup.tsinghua.edu.cn）下载相关电子文档及代码。

本书主要参考资料包括 NAO 随机文档，以及李睿强、孙漫漫、孟宪龙等的硕士论文，杨云程、孙明辰、纪卓志、董旭、蒲致威等同学对本书内容的形成启发很多，在此一并表示感谢。

本书可以作为 NAO 使用者的操作参考书和编程参考书，也可以作为高等学校计算机及相关专业的"NAO 机器人程序设计"课程教材。

由于作者水平有限，书中难免存在欠妥之处，敬请读者批评指正。

编　者
2018 年 9 月

目录

第 1 章 NAO 机器人概述 ... 1

1.1 NAO 机器人简介 ... 1
1.1.1 NAO 机器人系统 ... 1
1.1.2 NAO 关节运动模型 ... 4
1.1.3 NAOqi 框架 ... 6

1.2 操作 NAO 机器人 ... 7
1.2.1 无线网络连接设置 ... 7
1.2.2 远程登录 NAO ... 8

第 2 章 Python 编程基础 ... 13

2.1 Python 语法 ... 13
2.1.1 Python 运行方式 ... 13
2.1.2 Python 程序书写格式 ... 15
2.1.3 变量、数据类型、表达式 ... 15
2.1.4 条件语句 ... 17
2.1.5 while 循环语句 ... 19
2.1.6 列表 ... 21
2.1.7 for 循环语句 ... 23
2.1.8 元组与字典 ... 24

2.2 Python 函数 ... 26
2.2.1 函数定义 ... 26
2.2.2 函数参数 ... 27
2.2.3 Python 模块 ... 29

2.3 Python 对象与类 ... 31
2.3.1 类的定义与使用 ... 32
2.3.2 类的继承 ... 33

2.4 文件和异常 ... 34

  2.4.1 文本文件读写 ··· 34
  2.4.2 二进制文件读写 ··· 36
  2.4.3 异常 ··· 38

第 3 章 NAO 编程基础 ··· 39

3.1 使用 NAOqi ··· 39
  3.1.1 NAOqi 进程 ··· 39
  3.1.2 使用模块 ··· 40
  3.1.3 阻塞和非阻塞调用 ··· 41
  3.1.4 内存 ··· 42

3.2 Choregraphe 编程基础 ··· 44
  3.2.1 Choregraphe 应用程序界面 ··· 44
  3.2.2 指令盒分类 ··· 44
  3.2.3 Python 语言指令盒 ··· 46
  3.2.4 Say 指令盒 ·· 49
  3.2.5 指令盒参数 ··· 51
  3.2.6 指令盒输入与输出 ··· 53
  3.2.7 NAO 机器人状态 ··· 59

第 4 章 运动控制 ·· 61

4.1 关节 ··· 61
  4.1.1 头部关节 ··· 62
  4.1.2 臂部关节 ··· 62
  4.1.3 髋关节 ·· 63
  4.1.4 腿部关节 ··· 63
  4.1.5 电机 ··· 64

4.2 ALRobotPosture ··· 65

4.3 Motion ··· 67
  4.3.1 刚度控制方法 ··· 67
  4.3.2 关节控制方法 ··· 71
  4.3.3 运动控制方法 ··· 78

4.4 时间轴指令盒 ·· 87
  4.4.1 时间轴 ·· 87
  4.4.2 帧 ·· 87
  4.4.3 时间轴编辑器 ··· 91
  4.4.4 Animation 模式 ·· 92
  4.4.5 行为层 ·· 93

第 5 章　音频处理 ………………………………………………………………… 97

5.1　音频数据 ………………………………………………………………… 97
5.1.1　存储音频 ………………………………………………………… 97
5.1.2　ALAudioRecorder ………………………………………………… 98
5.1.3　ALAudioPlayer …………………………………………………… 99
5.1.4　音频特征 ………………………………………………………… 101

5.2　ALAudioDevice ………………………………………………………… 102
5.2.1　输出 ……………………………………………………………… 103
5.2.2　自定义模块 ……………………………………………………… 106
5.2.3　输入 ……………………………………………………………… 109
5.2.4　ALAudioDevice 方法 …………………………………………… 113

5.3　声音检测与定位 ……………………………………………………… 114
5.3.1　ALSoundDetection ……………………………………………… 114
5.3.2　ALSoundLocalization …………………………………………… 116

5.4　语音识别 ……………………………………………………………… 118
5.4.1　语音识别系统组成 ……………………………………………… 118
5.4.2　ALSpeechRecognition …………………………………………… 119

5.5　语音合成与对话 ……………………………………………………… 122
5.5.1　语音合成系统组成 ……………………………………………… 122
5.5.2　ALTextToSpeech ………………………………………………… 123
5.5.3　对话指令盒 ……………………………………………………… 126
5.5.4　ALDialog ………………………………………………………… 131
5.5.5　综合实例 ………………………………………………………… 131

第 6 章　视觉处理 ………………………………………………………………… 136

6.1　视频设备 ……………………………………………………………… 136
6.1.1　设备参数 ………………………………………………………… 136
6.1.2　ALPhotoCapture ………………………………………………… 141
6.1.3　ALVideoRecorder ………………………………………………… 142

6.2　ALVideoDevice ………………………………………………………… 143
6.2.1　ALVideoDevice 功能 …………………………………………… 143
6.2.2　订阅图像 ………………………………………………………… 144

6.3　视频检测 ……………………………………………………………… 147
6.3.1　Extractor ………………………………………………………… 147
6.3.2　ALRedBallDetection …………………………………………… 149
6.3.3　ALLandMarkDetection ………………………………………… 153

6.3.4　ALBarcodeReader …………………………………… 156
　　　6.3.5　ALFaceDetection …………………………………… 158
　6.4　视频识别 ……………………………………………………… 165
　　　6.4.1　识别过程 …………………………………………… 165
　　　6.4.2　使用 Vision Reco. 指令盒进行视觉识别 …………… 166
　　　6.4.3　ALVisionRecognition ……………………………… 167

第 7 章　传感器 ……………………………………………………… 169

　7.1　ALSensor ……………………………………………………… 169
　7.2　ALBattery ……………………………………………………… 170
　7.3　DCM …………………………………………………………… 171
　7.4　ALSonar ……………………………………………………… 175
　7.5　ALLeds ……………………………………………………… 178
　7.6　ALTouch ……………………………………………………… 180

第 8 章　使用 C++ 编写程序 ………………………………………… 183

　8.1　使用 qiBuild 编译远程模块 …………………………………… 183
　8.2　扩展 NAO API ………………………………………………… 186

附录 A　开发环境安装与配置 ……………………………………… 193

附录 B　NAO 机器人系统恢复与更新 ……………………………… 196

附录 C　NAOqi 系统虚拟机 ………………………………………… 199

附录 D　Python 关键字和内置函数 ………………………………… 202

附录 E　传感器与执行器键表 ……………………………………… 204

附录 F　NAO 安装的 Python 库 …………………………………… 212

参考文献 ……………………………………………………………… 230

第 1 章

NAO 机器人概述

NAO 机器人是 Aldebaran Robotics 公司研制的人工智能机器人,是世界上应用最广泛的人型机器人之一,是机器人世界杯 RoboCup 指定机器人,也是在学术领域世界范围内运用最广泛的类人机器人。本章首先介绍 NAO 机器人的系统组成及运动模型,然后介绍 NAO 的基本操作方法。

1.1 NAO 机器人简介

NAO 本质上是一台安装了 Linux 操作系统的计算机,这台计算机安装了机器人专用的硬件系统和软件系统。

1.1.1 NAO 机器人系统

NAO 机器人身高 58cm,体重 5.4kg。主要硬件包括 CPU、主板、扬声器、话筒、红外线、相机、超声波(声呐)、传感器、电机、语音合成器、陀螺仪等,如图 1.1 所示。

1. 计算机类通用硬件系统

(1) 处理器(CPU):2 个 Intel Atom Z530 处理器,主频 1.6GHz,高速缓存 512KB。前端总线频率为 533MHz。主 CPU 位于机器人头部,运行 Linux 内核,支持 Aldebaran Robotics 公司自行研制的系统框架(NAOqi),第二个 CPU 位于机器人躯干内。

(2) 存储器:内存 1GB,闪存 2GB,扩展内存 8GB。

(3) 网络连接:以太网 1RJ45-10/100/1000BASE-T(接口位于头部后面),Wi-Fi(支持 IEEE 802.11a/b/g/n)。

(4) USB 接口(位于头部后面):主要用于更新 NAO 机器人软件系统。

(5) 电源:锂电池(充电接口在机器人背部)。电池的最高充电电压为 25.2V,推荐充电电流 1.8A,功率 48.6W/h,充电时长 3h。电池充满电后可以正常使用 90min,活跃使用 60min。

(6) 视觉与声音系统。

实现机器人视觉的硬件是相机(摄像头),NAO 的相机既可以拍摄图像,也可以录制

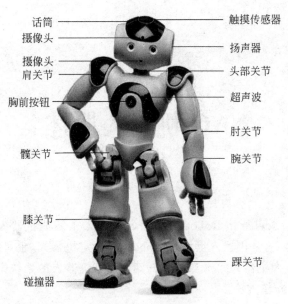

图1.1　NAO机器人

视频。相机拍摄图像后,从图像中"看见"不同的人,是由NAO的视觉软件模块完成的,NAO提供了功能强大的视觉功能。

相机:前额1个,嘴部1个,最大分辨率1288×968,同时支持640×480、320×240和120×80 3种规格。

视频帧率:千兆网内在640×480分辨率下可支持远程每秒传送30帧,百兆网为12帧,320×240分辨率时也为30帧。

NAO能够"听见"声音,并且能辨别出声音方向,也能"说"出悦耳的声音。听和说的硬件是话筒和扬声器。

扬声器:头部每个侧面分别安装了1个最大输出功率为2W高音质扬声器,最高输出频率20kHz。

话筒:头部4个,灵敏度40dB,频率范围150Hz~12kHz。NAO利用双耳的到达时间差进行声源定位,通过运算检测到声源的方向,实现与人互动。NAO机器人正面、背面构造如图1.2所示。

2. 软件系统

NAO机器人操作系统为Gentoo Linux。NAO支持Linux、Windows或Mac OS等操作系统的远程控制,可以在这些平台上编程控制NAO。

头部CPU运行Linux内核,支持Aldebaran Robotics的系统框架NAOqi。NAOqi提供了一组应用程序接口(API),用于操作机器人,如控制机器人运动、拍摄、声音识别、读传感器值等。使用C++、Python、.NET、Java、MATLAB等语言可以调用这些API。

NAO软件系统支持英语、法语、中文等多种语言的语音合成和自动语音识别。

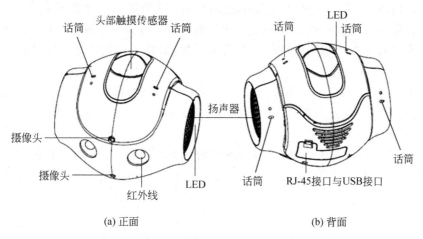

(a) 正面　　　　　　　　　　(b) 背面

图 1.2　NAO 机器人头部

3. 机器人特有硬件

（1）红外线。

每只眼睛安装了一个红外线发射器与接收器。通过红外信号，不仅能够实现多台机器人间的互相交流，其他支持红外技术的器件也可以与 NAO 通信，可接收遥控器等红外线发射器发出的命令。红外线发射角度 $-60°\sim +60°$，波长 940nm。

（2）超声波（声纳）。

NAO 安装超声波器件的目的是测量障碍物距离。NAO 有两套超声波发射器/接收器，位于胸部两侧，上方是发送器，下方是接收器。超声波工作原理与雷达类似。超声波发送器发出超声波，并等待声波回传。如果在一定时间内没有接收到超声波的回声，则认为在有效检测距离内没有障碍物。如果接收器收到了回声，根据返回时间，可以计算出障碍物的距离。NAO 能够探测前方 $0.25\sim 2.55$m 内是否有障碍物，探测角度 $60°$，超声波频率为 40kHz。

（3）传感器。

NAO 使用传感器接收外部信号、获取机器人内部状态信息。

① 接触传感器：触摸、按压、划过接触传感器可以触发接触传感器产生电信号，进而完成向机器人输入信息。

向机器人输入开关量的接触传感器，包括头部触摸传感器（由前、中、后 3 个触摸传感器组成），手部触摸传感器，脚前部的碰撞传感器（也起到缓冲作用）。触摸其中任何一个传感器都会向 NAO 发出信号。

胸前按钮触摸传感器操作为按压（长按、短按、连按）。

开机：在关机状态下，按胸前按钮；

报 IP 地址：在开机并且连网状态下，按胸前按钮；

关机：在开机状态下，长按胸前按钮 8 秒；

自主生活状态：连续按两次胸前按钮可以让机器人进入或退出自主生活状态。

② 惯性传感器：测量身体状态及加速度，包括2个陀螺仪，1个加速度计。

③ 位置传感器（MRE磁性编码器）：测量机器人自身关节位置，36个。如在录制舞蹈过程中，位置传感器可以测量机器人各关节数据，最终将这些数据存储以记录机器人的状态。

④ 压力传感器：每只脚上有4个压力传感器，用来确定每只脚压力中心（重心）的位置。在行走过程中，NAO根据重心位置进行步态调整以保持身体平衡。

(4) 发光二极管LED。

NAO机器人利用几十个LED显示不同的状态。其中，头部触摸传感器周围有12个LED，耳部有2×10个16级蓝色LED，眼部有2×8个全彩色LED，胸前按钮和双足各有1个RGB全彩色LED。

(5) 执行器。

执行器包括安装在各个关节的直流电机、超声波发送器、LED等。控制电机可以使机器人完成各种动作，NAO通过20多个直流电机，利用齿轮等机械机构驱动机器人的关节，完成各种关节运动。

1.1.2 NAO关节运动模型

1. 使用的坐标系

机器人做各种动作时需要驱动机器人各关节的电机完成。为描述机器人各种动作的实现过程，使用如图1.3所示的笛卡儿坐标系。其中，x轴指向身体前方，y轴为由右向左方向，z轴为垂直向上方向。

2. 关节运动分类

对于连接机器人两个身体部件的关节来说，在驱动电机实现关节运动时，固定在躯干上的部件是固定的，远离躯干的部件将围绕关节轴旋转。

沿Z轴方向的旋转称为偏转（Yaw），沿Y轴方向的旋转称为俯仰（Pitch），沿X轴方向的旋转称为横滚（Roll），如图1.4所示。

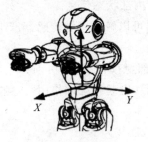

图1.3 坐标系

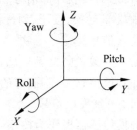

图1.4 运动模型

沿关节轴逆时针转动角度为正，顺时针转动角度为负。

3. 关节命名规则

关节名称由部件名+动作名两部分组成。

例如,头部用 Head 表示,实现头部左转、右转的关节名为 HeadYaw,实现抬头、低头的关节名为 HeadPitch。

机器人的某些简单动作由一个关节的运动即可完成。例如,向左转头动作只需要将 HeadYaw 关节转过一定的角度就可以,低头或抬头也只需要改变 HeadPitch 关节就可以完成。复杂的动作需要由多个关节共同完成,如向左低头需要由 HeadYaw 和 HeadPitch 两个关节共同完成。

4. 关节运动范围

每个关节运动角度都有一定的范围。图 1.5 所示为头部关节运动角度,其中,低头的最大值是 29.5°,仰头的最大值是 38.5°。

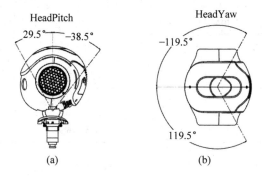

图 1.5 头部关节运动范围

在运动模型中,规定沿关节轴逆时针转动角度为正,顺时针转动角度为负。

因此,HeadPitch 的转动范围为[-38.5°,29.5°],HeadYaw 范围为[-119.5°,119.5°]。

NAO 肩关节装有护肩,在转头时护肩会妨碍低头动作幅度。因此,在头部的两种关节一起变化时,每个关节的运动角度范围会有所变化,详细数据可查阅 NAO 说明文档。

5. NAO 全身关节

除了头部关节以外,NAO 还有肩、肘、腕、膝等其他关节,每个关节都有自己的关节动作模型和运动范围。例如,由右肩关节所做的抬臂动作,可以是绕 Y 轴的抬臂动作(向前抬臂),也可以是绕 X 轴的抬臂动作(向右抬臂)。因此,右肩包括两种关节,按照关节的命名规则,分别是 RShoulderPitch 和 RShoulderRoll。

NAO 机器人各关节名称及对应动作如表 1.1 所示。

6. NAO 的自由度

机器人能够独立运动的关节数目称为机器人的运动自由度,简称自由度(Degree of

Freedom,DOF)。

表 1.1 关节名称及对应动作

部件名称	关节名称Ⅰ	动作 Ⅰ	关节名称Ⅱ	动作 Ⅱ
头部	HeadYaw	转头(Z)	HeadPitch	抬头、低头(Y)
左肩	LShoulderPitch	抬臂(前后,Y)	LShoulderRoll	抬臂(左右,X)
右肩	RShoulderPitch	抬臂(前后,Y)	RShoulderRoll	抬臂(左右,X)
左肘	LElbowYaw	转小臂(Z)	LElbowRoll	弯肘(X)
右肘	RElbowYaw	转小臂(Z)	RElbowRoll	弯肘(X)
腕部	LWristYaw	转腕(Z)	RWristYaw	转腕(Z)
髋部	LHipYawPitch	向前/后转腿(用于转身,Y,Z)	RHipYawPitch	向前/后转腿(用于转身,Y,Z)
左髋	LHipPitch	抬腿(前后,Y)	LHipRoll	抬腿(左右,X)
右髋	RHipPitch	抬腿(前后,Y)	RHipRoll	抬腿(左右,X)
膝盖	LKneePitch	弯腿(Y)	RKneePitch	弯腿(Y)
左踝	LAnklePitch	转脚(前后,Y)	LAnkleRoll	转脚(左右,X)
右踝	RAnklePitch	转脚(前后,Y)	RAnkleRoll	转脚(左右,X)

头部有两个关节,可以做偏转(Yaw)和俯仰(Pitch),因此,头部的自由度为2。除了表1.1列出的24个自由度外,每只手能够张开和闭合,具有1个自由度,因此,NAO全身具有26个自由度。

1.1.3 NAOqi 框架

NAOqi 是 NAO 机器人运行的主软件,进行 NAO 编程主要在 NAOqi 框架下进行。像操作系统的内核一样,NAOqi 提供了操作机器人的核心 API,提供了数以千计的在控制运动、语音、视频等方面的函数,可以满足机器人在资源、事件、并行、同步等方面的一般需要。NAOqi 是跨平台的,支持在 Linux、Windows 和 Mac OS 平台上使用 Python、C++、Java 等语言编程。

尽管 NAOqi 的动作、音频、视频等不同模块差异很大,NAOqi 使用结构一致的数据模型表示信息,为调用不同模块设计了相同的编程模式,各个模块与 ALMemory 信息共享使用相同的结构,这些都降低了 NAO 程序设计的复杂性。

在机器人上运行的软件可以用 C++ 和 Python 开发,不管使用哪种语言,编程方法都是完全相同的,如图 1.6 所示。Aldebaran Robotics 公司建议初学者使用 Python,因为 Python 容易学习,并且能够满足初学者的全部需要。大部分情况下,熟悉 C++ 的开发者应该用 C++ 写模块,用 Python 写行为控制。

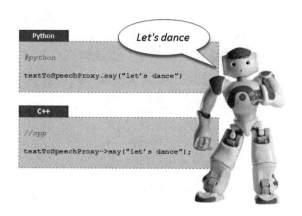

图 1.6　使用 Python 和 C++ 语言调用 NAOqi 模块功能

1.2　操作 NAO 机器人

本节介绍使用 NAO 机器人系统的一些基本操作。

1.2.1　无线网络连接设置

NAO 可以使用以太网和 Wi-Fi 两种方式连接计算机,由于以太网接口受网线长度限制,连接 NAO 通常使用 Wi-Fi 方式。NAO 能够记忆无线路由器的密码,并且在开机时可以自动连接上次连接过的无线路由器。设置无线网络连接步骤如下:

(1) 利用以太网网线将 NAO 与计算机或交换机相连。

(2) 开机。按胸前按钮(时间 1s 左右),NAO 开始启动。等待 3～5min 或更长时间(具体时间与机器人当前安装的开机启动程序多少有关),机器人启动完成后,会发语音提示启动完成。开机过程如图 1.7 所示。

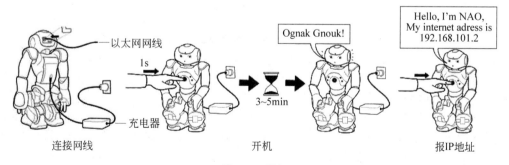

图 1.7　开机

(3) 读机器人 IP 地址。按 NAO 的胸前按钮,如果机器人与网络相连,NAO 会说出当前自己所用的 IP 地址。如果机器人 IP 地址与计算机的 IP 地址不在同一个网络段,需要先设置计算机 IP 地址。例如,机器人 IP 地址为 192.168.101.2,可以将计算机 IP 地址设置为 192.168.101.3,子网掩码为 255.255.255.0。

（4）打开浏览器（推荐使用 Firefox），在地址栏中输入机器人 IP 地址，在弹出的权限验证对话框中，用户名和密码都输入 nao，单击 OK 按钮。进入语言设置页面，如图 1.8 所示。连续单击两次 Next 按钮，进入 WiFi 设置页面，如图 1.9 所示。

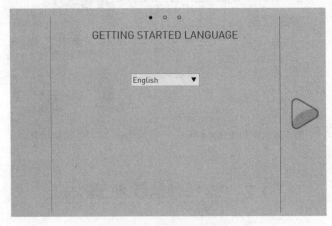

图 1.8　语言设置页面

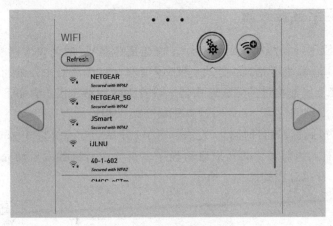

图 1.9　WiFi 设置页面

（5）在无线路由器列表中选择所用路由器名称，输入连接密码，单击 Connection 按钮，完成无线连接设置，如图 1.10 所示。

（6）拔掉网线，机器人将通过无线路由器连接到网络中。按胸前按钮，让 NAO 重新报当前的 IP 地址，此时为无线 IP 地址。检查计算机无线 IP 地址，如与 NAO 无线 IP 地址不在同一个网段，则修改计算机 IP 地址。

1.2.2　远程登录 NAO

NAO 不能外接键盘，也不能外接显示器，但是 NAO 确实是一台计算能力和操作系统功能足够强的计算机。NAO 提供了基于 SSH（安全外壳协议）的远程登录（Telnet）和

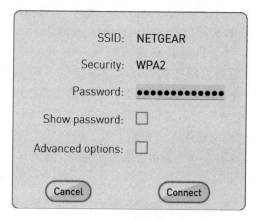

图 1.10　WiFi 密码输入页面

文件传输(FTP)服务。通过远程登录和文件传输程序,可以像使用一台装有 Linux 操作系统的计算机那样使用 NAO。

　　PuTTY 是一套免费的 SSH/Telnet 程序,可以连接提供 SSH/Telnet 服务的主机,并且可以自动取得对方的系统指纹码(Fingerprint)。建立联机以后,所有的通信内容都是以加密的方式传输,具有较高的安全性。WinSCP 是一个 Windows 环境下使用的 SSH 的开源图形化 SFTP 客户端,同时支持 SCP 协议,主要功能是在本地与远程计算机间安全地复制文件,并且可以直接编辑文件。本书使用 PuTTY 和 WinSCP 作为远程登录和文件传输工具。WinSCP 登录界面如图 1.11 所示。

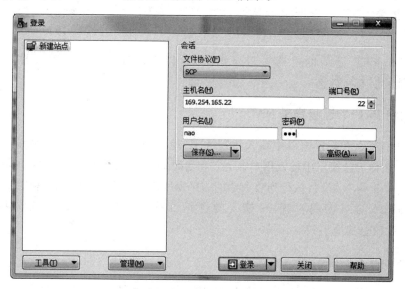

图 1.11　WinSCP 登录界面

1. 利用 WinSCP 下载上传文件

启动 WinSCP,在登录窗口中选择 SCP 协议,输入 NAO 的 IP 地址 169.254.165.

22，端口号选择22，用户名和密码都填nao，单击"登录"按钮，进入WinSCP主界面，如图1.11所示。登录后NAO的初始目录为"/var/persistent/home/nao"，与"/home/nao"目录的内容相同，用户nao对该目录具有读写权限。在WinSCP中通过在本地文件和NAO机器人文件间简单地拖曳操作就可以实现文件的上传和下载。右击目录中的文件，在弹出的菜单中可以进行删除、重命名、更改文件属性等操作。

如图1.12所示，将左侧本机目录树中的文件拖曳到右侧机器人"/home/nao"目录下，即实现"上传"，反向的拖曳操作实现的是下载。用户nao对其他目录只具有读权限，不具有写权限。也就是说，用nao作为用户名登录后，不能向其他目录上传文件，但是可以下载其他目录的文件。

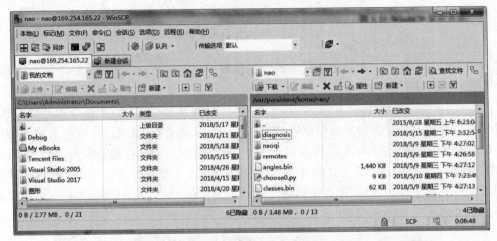

图1.12 WinSCP主界面

利用WinSCP显示的机器人目录结构，可以方便地找到NAO机器人上安装的Linux系统的所有文件。

2. 利用PuTTY远程登录NAO

启动PuTTY，在配置窗口中输入机器人IP地址，端口输入22（SCP协议端口），单击Open按钮，在弹出的窗口中输入用户名nao和密码nao，进入NAO的远程控制状态。输入Linux列表命令ls，NAO将执行列表命令的结果返回计算机端，如图1.13和图1.14所示。

在PuTTY输入密码过程中，输入的密码没有占位符，因而图1.14中的第3行Password后没有其他字符。

3. Python库安装

以pip为例说明Python库的安装过程。pip是Python中常用的包管理工具，在NAO机器人预装的Python 2.7安装包中，pip不是默认安装的。

（1）下载pip安装文件。下载地址为https://pypi.python.org/packages/source/p/pip/pip-10.0.1.tar.gz。

（2）将下载到本地的pip-10.0.1.tar.gz利用WinSCP上传到NAO的/home/nao目录下。

图 1.13　PuTTY 启动界面

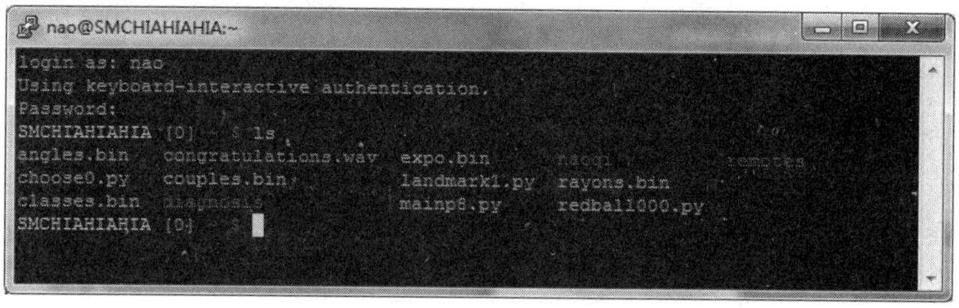

图 1.14　PuTTY 登录

（3）登录 PuTTY，使用 su 命令将用户由 nao 切换到 root，密码为 root。root 用户对 "/usr/lib/ python2.7/site-packages"目录拥有写权限。

（4）在 NAO 上运行如下命令：

```
tar -xzvf pip-10.0.1.tar.gz
cd pip-10.0.1
python setup.py install
```

tar 是 Linux 的解压缩命令，运行后将 pip 安装文件解压缩到/home/nao/pip-10.0.1 目录下，文件中包括 pip 的安装文件 setup.py。最后利用 Python 运行 setup.py 完成安装。安装完成后，可以在 NAO 的 Python 库目录"/usr/lib/python2.7/site-packages"下看到新安装的 pip 相关目录。

pip 安装完成后，可以利用如下命令完成其他 Python 包的安装：

```
pip install 包名
```

4. 在虚拟机中编译程序

由于 NAO 的存储空间有限，NAO 机器人系统中并不包含 gcc 一类编译程序。NAO 在虚拟机系统中提供了编译环境,对于需要经过编译后才能进行安装的程序,可以先在虚拟机中编译,再安装到实际系统中。例如,在虚拟机中编译Python2.7.14的过程如下。

(1) 下载:https://www.python.org/downloads/release/python-2714/。

(2) 按附录C所述步骤启动虚拟机,利用WinSCP将Python-2.7.14.tgz上传至虚拟机的/home/nao目录下。在虚拟机上,进入/home/nao目录。

(3) 解压:tar -zxvf Python-2.7.14.tgz。

(4) 运行命令 cd Python-2.7.14

```
./configure -enable-optimizations
make
make install
```

5. 监控 NAOqi

NAOqi 是机器人运行的主要软件。NAOqi 不运行,机器人的任何行为都无法完成。在机器人启动过程中,NAOqi 会自动启动,脚本/etc/init.d/naoqi 管理 NAOqi 的启动过程。

控制 NAOqi 的命令包括如下 4 条:nao start、nao stop、nao restart 和 nao status。

① nao start 命令:启动 NAOqi。

② nao stop 命令:停止 NAOqi。

③ nao restart 命令:重新启动 NAOqi。

④ nao status 命令:显示 NAOqi 运行状态。

图 1.15 所示为使用 PuTTY 登录 nao 用户后,输入各个命令的显示结果。

图 1.15　NAOqi 相关命令

第 2 章

Python 编程基础

Python 是一种解释型、面向对象、动态数据类型的高级程序设计语言。Python 可应用于多平台，包括 Windows、Linux 和 Mac OS X。Python 提供了非常完善的基础代码库，覆盖了网络、文件、GUI、数据库、文本等内容。除了内置的库外，Python 还有大量的第三方库，可以免费通过网络下载安装使用。目前，Python 有两个版本，一个是 2.x 版，一个是 3.x 版，这两个版本是不兼容的。部分语句语法有差别。

Nao 机器人使用 Python 2.7，本章主要介绍 Windows 平台下 Python 2.x 的基本语法。

2.1 Python 语法

Python 语言与 Perl、C 和 Java 等语言在程序结构、函数等方面有许多相似之处，但在具体语法上存在较大差异。

2.1.1 Python 运行方式

Python 的解释器 python.exe 位于 Python 的安装目录，运行 Python 源程序需要使用解释器进行解释。有如下三种方式可以运行 Python。

(1) 交互式解释器方式。

通过命令行窗口进入 Python，并在交互式解释器中开始编写 Python 代码，如图 2.1 所示。

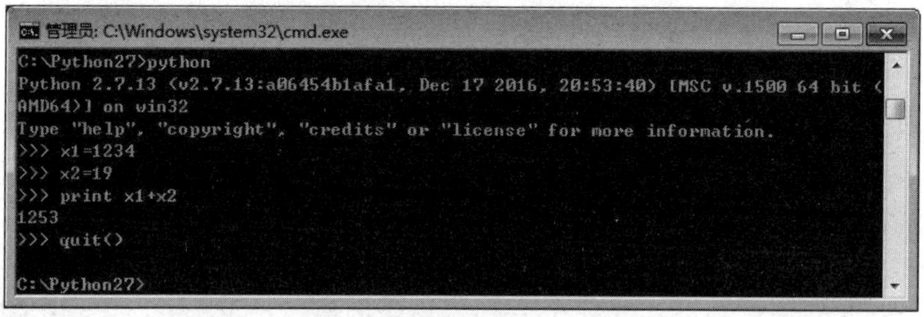

图 2.1 交互式运行 Python 代码

（2）命令行脚本方式。

在命令行中通过解释器执行编写好的 Python 程序。

利用文本编辑器编辑一个只包含一行 Python 代码的 Python 程序：

代码清单 2-1　只包含一条语句的 hello world(hello.py)

```
print "hello world"
```

以 hello.py 为文件名保存在 d 盘根目录下。利用 Python 解释器执行 .py 文件，如图 2.2 所示。

图 2.2　命令行方式运行 Python 程序

（3）在集成开发环境中运行 Python 程序。

在 PyCharm 中，选择 File→New Project，在创建新项目窗口中，设置项目位置和解释器，如图 2.3 所示。

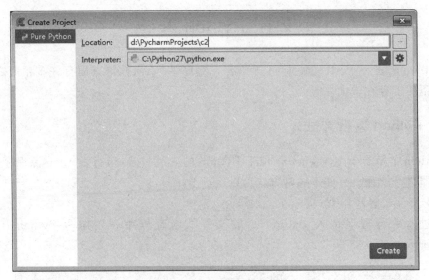

图 2.3　创建新项目

在项目管理器中右击项目 c2，在弹出菜单中选择 New→Python File。在新建 Python File 窗口中的文件名称输入框处输入 hello.py。单击 OK 按钮。在代码窗口中输入代码后，选择 Run→Run，运行 hello.py，结果如图 2.4 所示。

在编写 Python 时，当使用中文输出或注释时运行脚本，会提示错误信息：SyntaxError：Non-ASCII character '\x……。出错的原因是 Python 的默认编码文件是 ASCII 码，而 Python 文件中使用了中文等非英语字符，此时需要在 Python 源文件的最开始一行加入一句：

```
#coding=UTF-8
```

图 2.4　在 PyCharm 中运行 Python 程序

2.1.2　Python 程序书写格式

Python 最具特色的就是用缩进写模块。缩进的空白数量是可变的,但是所有代码块语句必须包含相同的缩进空白数量。例如:

代码清单 2-2　if 语句代码块的缩进

```
i=10
j=11
if i<j:
    print "i<j"
else:
    print "i>j"
```

与 C、Java 等语言不同,Python 程序不需要从主函数执行,本例中,直接执行程序第一条语句 i=10。if 语句后面的冒号(：)表示下一行是子模块的开始,所有满足 if 条件而执行的语句(代码块)缩进相同。

2.1.3　变量、数据类型、表达式

1. 变量

对于程序语句 $x_1=1234$,x_1 为变量,1234 为常数,＝为赋值操作符,语句将等号右边的值赋值给等号左边的变量。变量相当于计算机中存在的一个位置,在程序运行过程中可以向该位置放入或取出数据。语句 $x_2=x_1+1$ 执行时,就是把变量 x_1 中的数据取出来,加上 1 后,再放入变量 x_2 中。

标识变量需要为每个变量起一个名字,变量名遵从 Python 标识符命名规则:

(1) 由字母、数字、下画线组成。所有标识符可以包括英文、数字及下画线"_",但不

能以数字开头。

(2) 区分大小写。

(3) 以单下画线或双下画线开头的标识符有特殊意义。如__init__代表类的构造函数。

在 Python 中,变量使用时不需要像 C 语言那样必须先声明,而是可以直接使用。

2. 数据类型

在数学中,可以将数字分为整数、实数等类型。在 Python 中,数据也是有类型的,因此,存放数据的变量也是有类型的。

(1) 数值型:包括整数类型和浮点类型。Python 3.0 之后的版本中,整数没有大小限制。

1 是整数,为整数类型。1.0 是实数,为浮点类型。赋值语句 $x=1$ 执行后,变量 x 的类型为整数类型。

(2) 布尔型:在逻辑学中,对于一个问题可以用"真"或"假"描述。在 Python 中,用 True 表示真,用 False 表示假。

100<101 的结果为"真",赋值语句 b=100<101 执行后,变量 b 的值为 True。

(3) 字符串型:字符串是字符的序列。在 Python 中有多种方式表示字符串,最常用的方式是:用单引号或双引号将字符序列括起来,表示字符串。

print "hello world"中,采用双引号表示字符串类型,同样,'hello world'也可以表示字符串类型。

如果字符串中出现单引号或双引号自身,需要用转义字符"\"将单引号或双引号进行转义。

例如:在执行 print 'book's price'语句时,Python 无法判定 book 后面的单引号是字符串的结尾,还是字符串中的符号,在执行时会报错。此时,需要对该单引号进行转义:

print 'book\'s price'

双引号表示的字符串中出现的单引号不需要转义。例如:print "book's price"。

3. 表达式

表达式是相同类型的数据(如常数、变量等),用运算符号按一定的规则连接起来有意义的式子。

(1) 算术运算符。

Python 中使用的算术运算符如表 2.1 所示。

表 2.1 算术运算符

运算符	读法	类别	示例
+	加	二元	z=x+y
-	减	二元	z=x-y
*	乘	二元	z=x*y

续表

运算符	读法	类别	示 例
/	除	二元	z=x/y； z=8/5 的结果为 z=1，z=8.0/5 的结果为 z=1.6（Python 2.x）
//	整数除	二元	z=x//y；z=8//5 的结果为 z=1
%	求余	二元	z=x%y；z=8%5 的结果为 z=3
-	负	一元	z=-x

(2) 比较运算符。

Python 中使用的比较运算符包括<、>、<=、>=、==、!=，分别为小于、大于、小于或等于、大于或等于、等于和不等于 6 种比较运算符，比较运算符运算结果为布尔型数据。

(3) 逻辑运算符。

逻辑运算符如表 2.2 所示。

表 2.2 逻辑运算符

运算符	读法	功能	类别	运 算 规 则
and	与	并且	二元	True and True 为 True，3>2 and 100>=80 为 True True and False、False and True、False and False 均为 False
or	或	或者	二元	False or False 为 False、3<2 or 100<80 为 False True or False、False or True、True or True 均为 True
not	非	取反	一元	not True 为 False、not False 为 True

(4) 运算符运算优先级。

在表达式中包括多种运算符时，运算优先级规则为：算术运算符高于比较运算符，比较运算符高于逻辑运算符。

在同类运算符中，加和减的运算优先级最低，"非"高于"与"高于"或"。

代码清单 2-3 判断闰年

```
year=2000
mod4=year%4==0
mod100=year%100!=0
mod400=year%400==0
print (mod4 and mod100) or mod400
```

判断闰年的标准是能被 4 整除且不能被 100 整除，或者能被 400 整除的年份。由于逻辑与运算的优先级比逻辑或运算高，print 语句中的括号可以去掉。

2.1.4 条件语句

1. 双分支 if 语句

Python 实现分支结构的语句主要是 if 语句。双分支选择结构一般格式为

```
if 条件:
    语句块 1
else:
    语句块 2
```

if 语句执行流程为:首先进行条件测试,如果条件为真,则执行语句块 1,否则执行语句块 2。其中,else 部分是可以没有的,此时对应的是单分支结构。

Python 以缩进区分语句块,if 和 else 能够组成一个有特定逻辑的控制结构,有相同的缩进。每一个语句块中的语句也要遵循这一原则。

代码清单 2-4 if 语句判断成绩是否及格(双分支选择结构)

```
score=75
if score>=60:
    print "Pass"
else:
    print "Fail"
```

利用 if 语句判断成绩是否为 60 分以上,如果"是"则输出 pass,否则输出 fail。

Python 中指定任何非 0 和非空值为 True,0 或者空值(例如空的列表)为 False。上面代码中,如果条件 score>=60 变成 score,程序在执行时也不会出错,而是执行条件为真部分。

2. if 语句嵌套

if 语句可以实现嵌套,即在 if 语句中包含 if 语句。

代码清单 2-5 if 语句判断成绩

```
score=75
if score>=90:
    print "Excellent"
else:
    if  score>=60:
        print "Pass"
    else:
        print "Fail"
```

上面这段代码中,成绩小于 90 分的都属于第一个 else 的语句块,第二个 if 和 else 的缩进与第一条 print 语句相同。

Python 中 if 语句也可以实现多分支的选择,格式如下。

```
if 条件 1:
    语句块 1
elif 条件 2:
    语句块 2
    ⋮
```

```
elif 条件 n:
    语句块 n
else:
    语句块 n+1
```

代码清单 2-6　if 语句判断成绩(分为 5 个等级)

```
score=75
if score>=90:
    print "Excellent"
elif score>=80:
    print "Very Good"
elif score>=70:
    print "Good"
elif score>=60:
    print "Pass"
else:
    print "Fail"
```

程序运行时,首先测试 score>=90 是否为真,若为真,则输出 Excellent,结束 if 语句,否则,测试 scroe>=80…,如果最终进入了 else 的语句块,那么表明 score<60,输出 Fail 并退出。也就是说,if 语句实现了 5 个分支,将 0~100 划分成了[90,100],[80,90),[70,80),[60,70),[0,60)。

2.1.5　while 循环语句

Python 中有两个主要的循环结构:while 循环和 for 循环,用于在满足某种条件时重复执行某段代码块(循环体),以处理需要重复处理的相同任务。

1. while 通用格式

while 语句基本形式如下。

```
while 条件:
    语句块
```

Python 先判断条件的值为真或假,如果为真,则执行语句块。执行完语句块后,会再次判断条件的值为真或假,再决定是否执行语句块,直到条件的值为假,退出循环体。

代码清单 2-7　while 循环求 1+2+…+100

```
sum=0
i=1
while i<=100:
    sum=sum+i
    i=i+1
print sum
```

程序利用 sum 变量保存求和结果,每次加的数保存在变量 i 中,第一个数为 1,在变量 i 小于或等于 100 时,while 语句条件为真,执行循环体,将变量 i 值加到 sum,为了再次执行循环体时加下一个数,需要将变量 i 加 1,循环体语句执行结束后,再次判断条件是否为真,如果为真再次执行循环体。当条件不满足,即 i=101 时,循环结束,输出 sum 的值 5050。

对于有限循环次数的 while 循环程序,为确保循环能够正常结束,不陷入死循环(即在执行若干次循环体后,while 条件变为假,循环结束),循环体中一定要包含使用循环条件变为假的语句。如上面代码中的 i=i+1。

2. continue 语句

continue 语句在循环结构中执行时,将会立即结束本次循环,重新开始下一轮循环,也就是说,跳过循环体中在 continue 语句之后的所有语句,继续下一轮循环。

代码清单 2-8 while 循环由大到小输出 2*x,x 不是 3 的倍数

```
x=10
while x>0:
    if x%3==0:
        x=x-1
        continue
    print 2*x,
    x=x-1
```

输出结果:

```
20  16  14  10  8  4  2
```

当 x 为 3 的倍数时,使用 continue 结束本次循环,如 3、6、9 等,其 2 倍的结果不输出。由于循环变量修改在 print 语句之后,为正确进入下一次循环,在 continue 之前修改循环变量 x 的值。

3. break 语句

break 语句在循环结构中执行时,将会跳出循环结构,转而执行 while 结构后的语句,即不管循环条件是否为假,遇到 break 语句将提前结束循环。

代码清单 2-9 while 循环由大到小输出 2*x,x 为 6 倍数时跳出循环

```
x=10
while x>0:
    if x%6==0:
        break
    print 2*x,
    x=x-1
```

输出结果:

```
20  18  16  14
```

2.1.6 列表

列表由一系列按特定顺序排列的元素组成。元素可以是任何类型的变量。与其他语言中的数组不同,列表元素之间可以没有任何关系,可以是不同的数据类型。

列表包含多个元素,通常给列表指定一个表示复数的名称(如 letters、digits 或 names)。

在 Python 中,用方括号([])表示列表,并用逗号分隔其中的元素。

代码清单 2-10　列表定义,元素可以是任何类型

```
xs=[1,2,3,4,5]
ys=["one","two","three","four","five"]
zs=[1,"one",True]
print xs
print ys
print zs
```

输出结果为

```
[1, 2, 3, 4, 5]
['one', 'two', 'three', 'four', 'five']
[1, 'one', True]
```

1. 访问列表元素

通过下标(索引)访问列表元素,格式如下:

列表名称[索引]

代码清单 2-11　访问列表元素

```
grades=[89,78,66,92,70]
sum=0
i=0
while i<len(grades):
    sum=sum+grades[i]
    i=i+1
print "average grade:",sum/len(grades)
```

本例中,利用函数 len()求出列表长度,即列表元素个数。在 while 循环中,通过索引(i 变量,初值为 0)访问列表元素,将列表元素的内容累加求和,最后输出平均值。

索引 0 访问的是列表的第一个元素,索引可以为负数,-1 访问的是列表的最后一个元素。

像 C 语言中数组一样,列表元素可以直接赋值修改。

2. 操作列表常用方法

操作列表常用方法如表 2.3 所示。示例中初始列表 xs=["one","two","three","four","five"]。

表 2.3 操作列表常用方法

方 法	说 明	示 例
append()	向列表尾部填加元素	xs.append("six")结果为： xs=["one","two","three","four","five","six"]
insert(index,value)	在列表中插入元素	xs.insert(2,"six")结果为： xs=["one","two","six","three","four","five"]
pop()	删除列表末尾的元素，带返回值，实现出栈操作	x2=xs.pop()结果为： xs=["one","two","three","four"],x2="five"
del 语句	从列表中删除元素	del xs[2]结果为： xs=["one","two","four","five"]
pop(i)	删除列表 i 位置的元素	x2=xs.pop(2),删除第 2 个元素,x2="three"
remove(value)	根据值删除元素（多个满足条件时只删除第一个指定的值）	xs.insert(2,"five") xs.remove("five")结果为：xs 与初始值相同
sort([reverse=True])	列表进行永久性排序，默认为升序	xs.sort()结果为： xs=["five","four","one","three","two"]
sorted()函数	对列表进行临时排序	ys=sorted(xs)结果为：xs 不变,ys 为 xs 排序结果
reverse()	反转列表元素的排列顺序	xs.reverse()结果：xs=['five','four','three','two','one']
len()函数	获取列表的长度	len(xs)

3. 列表分片

取列表的一部分元素，称为分片。Python 对列表提供了强大的分片操作，运算符仍然为下标运算符。创建列表分片，需要指定所取元素的起始索引和终止索引，中间用冒号分隔。分片将包含从起始索引到终止索引（不含终止索引）所对应的所有元素。

例如，要输出列表中的前 3 个元素，需要指定索引 0~3，这将输出分别为 0、1 和 2 的元素。

```
xs=[1,2,3,4,5,6,7,8,9,0]
print xs[0:3]
```

输出结果为：

[1, 2, 3]

不指定起始索引，Python 将自动从列表头开始；不指定终止索引，Python 将提取到列表末尾；终止索引小于或等于起始索引时，分片结果为空；两个索引都不指定时，将复制整个列表。

代码清单 2-12   复制列表

```
alphs=['a','b','c','d','e']
copyalphs=alphs[:]
copyalphs.append('f')
print alphs
print copyalphs
```

输出结果为

```
['a', 'b', 'c', 'd', 'e']
['a', 'b', 'c', 'd', 'e', 'f']
```

4．列表加和乘运算

对两个列表，加法表示连接操作，即将两个列表合并成一个列表。例如：
　　alphs=['a','b','c','d','e'], digits=[1,2,3,4,5,6,7,8,9,0], L=alphs+digits
则
　　　　　　L=['a', 'b', 'c', 'd', 'e', 1, 2, 3, 4, 5, 6, 7, 8, 9, 0]

列表的乘法表示将原来的列表重复多次。例如，L=[0]*100 会产生一个含有 100 个 0 的列表。乘法操作通常用于对一个具有足够长度的列表的初始化。

2.1.7　for 循环语句

1．range 函数

range 函数生成一系列的数字，一般格式为

range(起始数值,终止数值[,步长])

range 函数生成从起始数值到终止数值(不含终止数值)间的数字序列。步长参数为可选项，默认值为 1。例如，range(1,5)得到的数字序列为 1,2,3,4。range(2,11,2)得到的数字序列为 2,4,6,8,10。

使用函数 list()将 range()的结果直接转换为列表。例如，list(range(1,5))得到的列表为[1,2,3,4]。

2．for 循环

for 循环的一般格式为

```
for 变量 in 遍历对象:
    语句块
```

执行 for 循环时，遍历对象中的每一个元素都会赋值给变量，然后为每个元素执行一遍循环体。变量的作用范围是 for 所在的循环结构。

代码清单 2-13　遍历列表（找出一个数在一组数中是第几大的数）

```
ys=[1,3,56,23,19,81]
ys.sort()
p=0
for y in ys:
    if y==19:
        print "19 position:",p
        break
    else:
        p=p+1
```

程序运行后，输出结果为：

```
19 position: 2
```

程序首先对 ys 进行排序（默认升序），得到 ys＝[1,3,19,23,56,81]，再利用 for 语句，循环取出列表元素，赋值给 y 变量。在循环体中，比较 y 是否等于 19，如果等于，输出当前位置，并结束循环，否则将位置加 1，进入下一次循环。

代码清单 2-14　生成列表（位置平方）

```
s=[]
for i in range(1,11):
    s.append(i**2)
print s
```

输出结果为：

[1, 4, 9, 16, 25, 36, 49, 64, 81, 100]。

在 Python 中，i 的 n 次方用 i**n 表示。

2.1.8　元组与字典

1. 元组

列表适用于存储在程序运行期间可能变化的数据集，列表元素是可以修改的。在需要创建一系列不可修改的元素时，可以使用元组。Python 将不能修改的、不可变的列表称为元组。

元组看起来犹如列表，但使用圆括号而不是方括号标识。定义元组后，就可以使用索引访问其元素，就像访问列表元素一样。

代码清单 2-15　使用元组

```
alphs=('a','b','c','d','e','f')
L=len(alphs)
for i in range(0,L):
```

```
    print alphs[i],
for a in alphs:
    print a,
```

2. 字典

字典是一系列"键:值"对。每个键都与一个值相关联,键和值之间用冒号分隔。Python 使用键访问与之相关联的值,与键相关联的值可以是数字、字符串、列表乃至字典。

在 Python 中,字典用放在花括号"{ }"中的一系列键:值对表示,各个键值对之间用逗号分隔。例如,person_0={"name":"wangling","age":24}。字典变量 person_0 定义了 name 和 age 两个键,分别取值为"wangling"和 24。

访问字典元素与访问列表元素类似,由于每个值对应一个键,访问该值时需要用键作为索引。例如,person_0["age"]可以得到"age"键对应的值 24。

字典元素的修改、添加与删除说明如下。

(1) 修改:对已有的键直接赋值。
(2) 添加:增加新的键值对,对新增加的键赋值。
(3) 删除:用 del 命令删除一个字典键。

代码清单 2-16　字典元素的修改、添加与删除

```
person_0={"name":"wangling","age":24}
print person_0
print person_0["name"]
person_0["weight"]=120
print person_0
person_0["name"]="liping"
print person_0
del person_0["name"]
print person_0
```

程序运行结果为

```
{'age': 24, 'name': 'wangling'}
wangling
{'age': 24, 'name': 'wangling', 'weight': 120}
{'age': 24, 'name': 'liping', 'weight': 120}
{'age': 24, 'weight': 120}
```

字典对象提供了 items()、keys()和 values()方法,分别用于获取键值对的集合、键的集合和值的集合。

代码清单 2-17　字典的遍历

```
for k in person_0.keys():
    print k,
```

```
print
for v in person_0.values():
    print v,
print
for key,value in person_0.items():
    print key,value
```

items()方法取到字典中键值对的集合,在循环中分别赋值给 key 变量和 value 变量。程序运行结果为

```
age name
24 wangling
Age 24
name wangling
```

2.2 Python 函数

在数学中,如果计算 z+x*y,可以定义一个函数 f(x,y)=x*y,它有两个参数 x 和 y。计算 x*y 后得到一个值,作为函数的返回值,赋值给 f(x,y)。这样,可以用 z+f(x,y)表示上面的运算,对于 f(x,y)运算,将会调用已经定义的函数 f(x,y)=x*y。可以看到,数学函数有参数,有返回值,需要先定义,后调用。另外,还可以多处调用。

Python 中的函数与数学函数概念是相似的,也有参数和返回值,需要先定义,后调用,可重复调用。

2.2.1 函数定义

实现 z+x*y 可以定义函数 f(x,y),求出 x*y 的值,再与 z 相加。

代码清单 2-18　函数的定义

```
def f(x,y):
    return x*y
print 2+f(3,4)
```

函数代码块以 def 关键词开头,后接函数标识符名称和圆括号(),括号里面是函数的参数,冒号后面对应缩进的代码块是函数体。函数如果需要有返回的结果,利用 return 关键字作返回。在 print 语句调用函数 f(x,y)时,参数 3 传给 x,4 传给 y,计算出结果 12 后,将 12 作为函数返回值与 2 相加。程序运行结果是输出 14。

上例中函数定义时并不会执行,程序第一条执行的语句是 print 语句,函数定义中的语句只有在被调用时才会执行。

函数定义的一般格式:

```
def 函数名([参数1,参数2,…])
    函数体
```

如果函数有返回值,函数体中使用 return 作返回。return 关键字后面可以是数值或其他类型的数据,也可以是变量或表达式。在执行到 return 语句时函数结束,一个函数可能会有多个 return 语句。

代码清单 2-19　对列表值求和函数

```
def add(list):
    sum=0
    for i in list:
        sum=sum+i
    return sum
array=[1,2,3,4,5,6]
s=add(array)
print s
```

2.2.2　函数参数

1. Python 变量

在 C 语言中,系统会为每个变量分配内存空间,当改变变量的值时,改变的是内存空间中的值,变量的地址是不改变的。Python 采用的是基于值的管理方式。

当给变量赋值时,系统会为这个值分配内存空间,然后让这个变量指向这个值;当改变变量的值时,系统会为这个新的值分配另一个内存空间,然后还是让这个变量指向这个新值。

如果没有任何变量指向内存空间的某个值,这个值称为垃圾数据,系统会自动将其删除,回收它占用的内存空间。

在 Python 中,可以使用 id() 函数获取变量或值的地址。

代码清单 2-20　python 变量与地址

```
print "address 1:",id(1)
print "address 2:",id(2)
a=1
print "address of a:",id(a)
b=1
print "address of b:",id(b)
a="1234"
print "address of a,a='1234':",id(a)
b="1234"
print "address of b,b='1234':",id(b)
a=[1,2,3,4,5]
print "address of a:",id(a)
a[2]=6
```

```
print "address of a:",id(a)
a=["one","two"]
print "address of a:",id(a)
a[1]="second"
print "address of a:",id(a)
```

程序运行结果为：

```
address 1: 19875656
address 2: 19875644
address of a: 19875656
address of b: 19875656
address of a,a='1234': 24764544
address of b,b='1234': 24764544
address of a: 24662504
address of a: 24662504
address of a: 24662424
address of a: 24662424
```

数值、字符串、元组等常量对象存储位置用地址描述，从运行结果可以看出，数值、字符串变量指向的是数值或字符串对象的地址。a 变量与 b 变量取值都为 1，两个变量都指向数值对象 1 所在的地址，因此，id(a) 与 id(b) 相等。而列表、字典变量指向的存储地址，在修改部分元素时并不会发生变化。只有在重新定义列表时，a＝[1,2,3,4,5] 变为 a＝["one","two"]，地址才会发生变化。

从变量指向地址内容是否可以变化角度看，数值、字符串、元组是不可变类型，而列表和字典则是可变类型。

2. Python 函数的参数传递

在数值、字符串、元组变量作为函数参数时，如 fun(a)，传递的只是 a 的值，不会影响 a 变量本身。如果在函数中修改 a 的值，只是修改另一个复制的对象，不会影响 a 本身。

在列表、字典变量作为函数参数时，则是将列表地址传过去，如果在函数中修改列表内容，函数外部的列表值也会发生变化。

代码清单 2-21　参数传递

```
def swap(x,y):
    t=x
    x=y
    y=t
def swaplist(x):
    t=x[0]
    x[0]=x[1]
    x[1]=t
```

```
a=2
b=3
c=[2,3]
swap(a,b)
swaplist(c)
print "a=",a," b=",b
print c
```

程序运行结果为

```
a=2 b=3
[3, 2]
```

3. 缺省参数

调用函数时,缺省参数的值如果没有传入,则被认为是默认值。

代码清单 2-22　缺省参数

```
def printinfo(name,age=35):
    print "name:",name,"age:",age
printinfo(age=50,name="wangming")
printinfo(name="lilin")
printinfo("lilin")
```

程序运行结果为

```
name: wangming age: 50
name: lilin age: 35
name: lilin age: 35
```

2.2.3　Python 模块

在 Python 中,可以将一组相关的函数、数据放在一个以.py 为扩展名的 Python 文件中,这种文件称为模块。Python 模块为函数和数据创建了一个以模块名称命名的作用域。利用模块可以定义函数、类和变量,模块里也可以包含可执行的代码。Python 的模块机制应用于系统模块、自己定义的模块和第三方模块。

模块定义好后,可以使用如下两种方式引入模块。

(1) 使用 import 语句引入模块,语法如下:

```
import module1 [, module2[,...moduleN]
```

解释器遇到 import 语句,如果模块位于当前的搜索路径,该模块就会被自动导入。

调用模块中的函数时,格式为

模块名.函数名

在调用模块中的函数时,之所以要加上模块名,是因为在多个模块中,可能存在名称相同的函数,如果只通过函数名调用,解释器无法知道到底要调用哪个函数。

代码清单 2-23   引入系统 math 模块,求解一元二次方程

```
import math
print "please input a,b,c"
a=int(raw_input("a="))
b=int(raw_input("b="))
c=int(raw_input("c="))
deta=b**2-4*a*c
if deta>=0:
    print "x1=",(-b+math.sqrt(deta))/2/a
    print "x2=",(-b-math.sqrt(deta))/2/a
else:
    print "no result"
```

在 Python2 中,raw_input 函数用于键盘输入,返回值类型为字符串,由于一元二次方程系数为整数,需要利用 int() 函数将输入的字符串转换为整数。开平方函数 sqrt 不属于 Python 系统基本函数,位于 math 模块中,在调用该函数前需要导入 math 模块。

下例在程序中调用自定义模块 student。

代码清单 2-24   student 模块(文件名:student.py)

```
student={}
def inputstudent():
    student["name"]=raw_input("input student name:")
    student["age"]=float(raw_input("input student age:"))
def printstudent():
    print "name=",student["name"]
    print "age=",student["age"]
```

student 模块利用字典变量 student 保存学生信息,模块中定义了 inputstudent 和 printstudent 函数,用于输入和输出学生信息。

代码清单 2-25   主程序(文件名:studentmain.py)

```
import student
def main():
    student.inputstudent()
    student.printstudent()
main()
```

运行程序 studentmain.py,结果为

```
input student name:wangming
input student age:24.5
name=wangming
```

```
age=24.5
```

(2) 使用 from 语句导入指定函数。

有时只需要用到模块中的某个函数,from 语句可从模块中导入指定的部分。格式如下:

```
from 模块名 import 函数1[,函数2[,...函数n]]
```

例如:

```
from math import sqrt
```

如果想把一个模块的所有内容全都导入,格式为

```
from 模块名 import *
```

2.3 Python 对象与类

Python 中的任何数据都是对象,例如,整型、字符串、列表等。每个对象由标识、类型和值 3 部分组成。对象的标识(变量名)代表该对象在内存中的存储位置。对象的类型表明它可以拥有的数据和值的类型。在 Python 中,可变类型的值是可以更改的,不可变类型的值是不能修改的。

对象不仅有值,还有相关联的方法。例如,一个字符串不仅包含文本,也有关联的方法,如将整个字符串变成小写或者大写的 lower()方法和 upper()方法。

代码清单 2-26　对象的类型与方法

```
name="wangming"
age=23
print type(name)
print type(age)
print name.lower()
print name.upper()
```

type 函数的作用是获取变量的类型。程序运行结果为

```
<type 'str'>
<type 'int'>
wangming
WANGMING
```

任何一个字符串对象都有 lower()方法和 upper()方法,而整型对象则没有这两种方法。所有字符串对象都是从同一个模板产生的,这种模板用于描述字符串对象的共同特征,称为类。对象是根据类创建的,一个类可以创建多个对象。

类是数据(描述事物的特征,在类中称为属性)和函数(描述事物的行为,在类中称为方法)的集合。

2.3.1 类的定义与使用

使用类可以描述任何事物,下面通过创建一个简单的学生类说明在 Python2 中类的定义与使用方法。

代码清单 2-27   Student 类(文件名:student.py)

```python
class Student(object):
    def __init__(self,name,age):
        self.name=name
        self.age=age
    def printstudent(self):
        print "name=",self.name,"age=",self.age
stu=Student("wangming",23)
stu.printstudent()
stu.age=24
print "name=",stu.name,"age=",stu.age
```

Student 类说明:

(1) 在 Python 中,使用 class 关键字声明一个类。根据约定,首字母大写的名称指的是类。类定义中的括号指定的父类是 object,表示从普通的 Python 对象类创建 Student 类。

(2) __init__()方法。

__init__()是一个特殊的方法,在利用 Student 类创建新实例时,会自动运行,称为构造方法。在这个方法的名称中,开头和末尾各有两个下画线,这是一种约定,旨在避免 Python 默认方法与普通方法发生名称冲突。

方法__init__()定义中包含 3 个形式参数:self、name 和 age。其中,形参 self 必不可少,还必须位于其他形参的前面。Python 调用__init__()方法创建 Student 实例时,将自动传入实参 self。每个与类相关联的方法调用都自动传递实参 self,它是一个指向实例本身的引用,让实例能够访问类中的属性和方法。

(3) 属性。

__init__()方法中定义的两个变量都有前缀 self。以 self 为前缀的变量都可供类中的所有方法使用,可以通过类的任何实例访问这些变量。self.name=name 获取存储在形参 name 中的值,并将其存储到变量 name 中,然后该变量被关联到当前创建的实例。self.age=age 的作用与此类似。像这样可通过实例访问的变量称为属性。

(4) 在创建 Student 实例 stu 时,Python 将调用 Student 类的方法__init__()。由于 self 自动传递,因此不需要在参数中包括 self,只需给最后两个形参(name 和 age)提供值。通过将实际参数 wangming 和 23 分别传递给形式参数 name 和 age,为 name 属性和 age 属性赋值。

(5) 类中定义了另外一个方法 printstudent()。由于方法不需要额外的信息,因此只有一个形参 self。

(6) 使用点号(.)操作符访问对象的属性和方法。
(7) 可以通过对对象属性直接赋值方式修改属性或增加属性。
程序运行结果为

```
name=wangming age=23
name=wangming age=24
```

2.3.2 类的继承

编写类时,并非总是要从空白开始。如果编写的类以另一个已有类的为基础,可使用继承。一个类继承另一个类时,它将自动获得另一个类的所有属性和方法。原有的类称为父类,而新类称为子类。子类继承了父类的所有属性和方法,同时还可以定义自己的属性和方法。

代码清单 2-28　Pupil 类(文件名:student.py)

```python
class Student(object):
    def __init__(self,name,age):
        self.name=name
        self.age=age
    def printstudent(self):
        print "name=",self.name,"age=",self.age
class Pupil(Student):
    def __init__(self,name,age,Chinesegrade,Mathgrade):
        super(Pupil,self).__init__(name,age)
        self.Chinesegrade=Chinesegrade
        self.Mathgrade=Mathgrade
    def printgrade(self):
        print "Chinesegrade=",self.Chinesegrade,"Mathgrade=",self.Mathgrade
stu=Pupil("wangming",23,95,98)
stu.printstudent()
stu.printgrade()
```

Pupil 类几点说明如下。

(1) 创建子类时,定义子类时,必须在括号内指定父类的名称。

(2) super()是一个特殊函数,帮助 Python 将父类和子类关联起来。这行代码让 Python 调用 Pupil 父类(Student)的方法__init__(),让 Pupil 实例包含父类的所有属性。父类也称为超类(superclass),名称 super 因此而得名。

在 Python 2.7 中,函数 super()需要两个实参:子类名和对象 self,这些实参必不可少。另外,使用继承时,务必在定义父类时在括号内指定 object。

方法__init__()定义中包含 5 个形式参数:self、name、age、Chinesegrade 和 Mathgrade。其中,形参 self 必不可少。由于 Student 类在构造函数中创建了 name 和 age 属性,Pupil 类将继承父类这两个属性。父类中不包含的属性由子类在构造函数中创建。

(3) 子类继承了父类方法 printstudent(),可以直接调用。

程序运行结果为

```
name=wangming age=23
Chinesegrade=95 Mathgrade=98
```

2.4 文件和异常

文件的主要作用是存储数据。文件存储在磁盘或其他辅助存储设备上,是可读写的。磁盘存储数据的基本单位是字节(8 位二进制数),因此,读写文件的基本单位是字节。文件中存储的内容是 ASCII 字符或文字,这类文件称为文本文件。文件中存储数据是整型(包括其他表示成无符号整数的数据类型,例如图像、音频或视频)、浮点型或其他数据结构,这类文件称为二进制文件。应用程序在处理文件时,可以根据文件存储的内容决定读写方式。

读写文件主要有以下两种方式。

(1) 顺序读写:每个数据(字符、整型或其他类型数据)必须按顺序从头到尾一个接一个地进行读写。进行顺序读写时 Python 会设置一个变量,存储当前要读写数据的位置,每次读写完成后,变量会自动增加,指向下一个数据位置。

(2) 随机读写:读写文件中任意位置的数据时,可以直接定位到该位置进行读写。

2.4.1 文本文件读写

1. 读文本文件

(1) 读取整个文件。

首先创建一个文件,包含精确到小数点后 30 位的圆周率值,且在小数点后每 10 位处都换行,利用文本编辑器编辑文件并存储到磁盘上(如存在 d:下),文件名为 pi.txt,创建的文件如下。

```
3.1415926535
8979323846
2643383279
```

代码清单 2-29 读取整个文件

```
with open("d:\pi.txt") as f:
    content=f.read()
print content
```

不管怎样读或写文件,都需要先打开文件,才能访问它。函数 open()功能是打开文件,本例中只接受一个参数:要打开的文件的名称。如果不指定路径,Python 将在当前执行的文件所在的目录中查找文件。函数 open()返回一个表示文件的对象。在这里,

open("d:\pi.txt")返回一个表示文件 pi.txt 的对象,Python 将这个对象存储在后面使用的变量 f 中。

关键字 with 表示在不需要访问文件时将其关闭。在 with 结构中,只调用了 open() 打开文件,并没有调用 close(),Python 会在合适的时候自动关闭文件。

方法 read() 读取文件的全部内容,并将其作为一个字符串存储在变量 content 中。在用 print 打印 content 的值时,将文本文件的全部内容显示出来。

(2) 逐行读取文件。

代码清单 2-30 逐行读取文件

```
filename="d:\pi.txt"
with open(filename) as f:
    for line in f:
        print line
```

for 语句对文件对象执行循环,遍历文件中的每一行。在循环过程中,line 取值为文本文件一行的内容(包括换行符)。

程序输出结果与上例相比,各行间多出一个空白行。因为在文本文件中,每行的末尾都有一个看不见的换行符,而 print 语句也会加上一个换行符,因此每行末尾都有两个换行符,一个来自文件,另一个来自 print 语句。要消除这些多余的空白行,可以使用字符串对象的 rstrip() 方法将 line 右端的空白符去掉,语法如下:

```
print line.rstrip()
```

除了上面的逐行读取实现方法,也可以先使用文件对象的 readlines() 方法先将所有行读到一个列表中,每行为一个列表元素,再对列表元素进行遍历处理。

代码清单 2-31 使用 readlines() 方法逐行读取文件

```
filename="d:\pi.txt"
with open(filename) as f:
    lines=f.readlines()
pi=""
for line in lines:
    pi=pi+line.rstrip()
print pi
```

方法 readlines() 从文件中读取每一行,并将其存储在列表变量 lines 中,在 with 代码块外,依然可以使用 lines。for 循环取出 lines 中的各行,去掉空白符后连成一个字符串。结果为:3.1415926535897932384626433832795。

2. 写文本文件

(1) 以写入模式写文本文件。

要将文本写入文件,在调用 open() 时需要提供另一个实参,操作文件的模式告诉

Python要写入打开的文件。

代码清单 2-32　写文本文件

```
filename="d:\pi30.txt"
with open(filename,"w") as f:
    f.write("3.1415926535")
    f.write("8979323846")
    f.write("2643383279")
```

调用 open()时提供了两个实参,第一个实参也是要打开文件的名称,第二个实参"w"表示以写入模式打开这个文件。打开文件时,可指定读取模式"r"、写入模式"w"、附加模式"a"或读取和写入的模式"r+"和"w+"。如果省略了模式实参,Python 将以默认的只读模式打开文件。

如果写入的文件不存在,函数 open()将自动创建文件。如果指定的文件已经存在,Python 将在返回文件对象前清空该文件。

写文件对象的方法 write()将一个字符串写入文件。由于是顺序读写模式,连续的三个写方法将 π 的 32 个字符写到文本文件中。在写文件过程中,并没有写入换行符,因此,文件的内容在文本编辑器中只显示一行。如果想要分行写文件,可以加入换行符"\n",代码如下:

```
f.write("3.1415926535\n")
```

(2) 以附加模式写文本文件。

附加模式是指打开一个文件用于追加。如果该文件已存在,新的内容将会被写入到已有内容之后。如果该文件不存在,创建新文件进行写入。

代码清单 2-33　以附加模式写文本文件

```
filename="d:\pi30.txt"
with open(filename,"w") as f:
    f.write("3.1415926535")
    f.write("8979323846")
with open(filename,"a") as f:
    f.write("2643383279")
```

2.4.2　二进制文件读写

与文本文件的读写一样,在读写二进制格式的文件时也需要先打开文件,再进行文件读写。打开二进制文件时,可指定读取模式"rb"、写入模式"wb"、附加模式"ab"或读取和写入的模式"rb+"和"wb+"。

二进制文件写方法与文本文件写方法相同,参数是实际写入文件的内容。也可以认为 write()方法的参数是一个缓冲区,缓冲区中存储的是待写入内容。由于 Python 中的整数、浮点数等类型的数据都是对象,并不是真正写入文件的内容。在写入二进制文件

之前，需要先利用 struct 模块的 pack()方法对整数等类型数据作格式转换，转换方法为

struct.pack(fmt,values)

其中，fmt 定义如表 2.4 所示。

表 2.4 格式定义

Format	C Type	Python	Format	C Type	Python
c	char	string of length 1	l	long	integer
b	signedchar	integer	L	unsignedlong	long
B	unsignedchar	integer	f	float	float
h	short	integer	d	double	float
i	int	integer	s	char[]	string
I	unsignedint	integer or long			

代码清单 2-34　写二进制文件

```
import struct
digits=[0,1,2,3,4,5,6,7,8,9]
filename="d:\list_digit.dat"
with open(filename,"wb") as f:
    for digit in digits:
        d=struct.pack("i",digit)
        f.write(d)
```

语句 struct.pack("i",digit)将整数转换成 C 语言的整型格式：占 4 字节，低位在前，列表 digits 的整数都按这种格式写入文件。

Python 读二进制文件时，从文件中读到一组字节序列，需要使用 struct.unpack()方法将其转换成 Python 的数据类型。

代码清单 2-35　读二进制文件

```
import struct
filename="d:\list_digit.dat"
sum=0
with open(filename,"rb") as fr:
    for i in range(0,10):
        b=fr.read(4)
        d=struct.unpack("i",b)
        sum=sum+d[0]
print 'sum=',sum
```

程序读取的二进制文件为上例生成文件。文件对象的 read()方法不指定参数时，读取的是文件的全部内容，指定数值时，读取指定数量的字节。由于文件中用 4 字节存储

一个整数,因此,read 方法指定的参数为 4。unpack()方法将长度为 4 的字符(节)转换成列表,列表的第 1 个元素即为读取的整数。

2.4.3 异常

Python 程序执行期间发生错误时,程序将停止,并显示一个 traceback,其中包含有关异常的报告。Python 使用"异常"对象管理程序执行期间发生的错误。在产生错误时,Python 会创建一个异常对象。如果编写了处理该异常的代码,程序将继续运行。

异常是使用 try-except 代码块处理的。try-except 代码块让 Python 执行指定的操作,同时告诉 Python 发生异常时怎样处理。使用了 try-except 代码块时,即使出现异常,程序也将继续运行。例如,Python 在除数为 0 时会产生错误,可以进行如下异常处理:

代码清单 2-36　除数为 0 异常处理

```
try:
    print 5/0
except:
    print "You can't divide by zero !"
```

except 代码块在出错时会执行。Python 细分了多种不同类型的错误,如 IOErroor、ZeroDivisionError 等。如果进一步限定出错情况,在 except 关键字后面可以使用具体的错误类型。如上例中使用 except ZeroDivisionError 更确切。

使用文件时,一种常见的问题是找不到文件:要查找的文件可能在其他地方、文件名可能不正确或者这个文件根本就不存在。对于所有这些情形,都可使用 try-except 代码块以直观的方式进行处理。

下面的程序尝试读取文件 alice.txt 的内容,如果没有将这个文件存储在 alice.py 所在的目录中,在运行中将产生错误,使用异常处理后将捕获文件未找到错误。

代码清单 2-37　打开文件(alice.py)

```
filename ="alice.txt"
try:
    with open(filename) as f:
        content=f.read()
        print content
except IOError:
    msg="the file "+filename +" does not exist."
    print msg
```

第 3 章

NAO 编程基础

NAO 机器人使用 NAOqi 系统。NAOqi 为操作 NAO 机器人提供了一组应用程序接口(API),本章介绍使用 Python 调用 API 和使用 Choregraphe 编程的方法。

3.1 使用 NAOqi

在使用 NAOqi API 编程之前,首先介绍 NAOqi 的工作方式。

3.1.1 NAOqi 进程

在 NAO 上执行 NAOqi 是通过一个代理程序(Broker)完成的。启动机器人时,代理程序会自动加载/etc/naoqi/autoload.ini 文件,autoload.ini 文件中指定了需要加载 NAOqi 的哪些库,这些库文件位于/usr/lib/naoqi 目录下。一个库包含一个或者多个模块,如图 3.1 所示,加载的模块形成了一种树状结构。每个模块类都定义了多种方法。例如,NAO 的运动功能都放在 ALMotion 模块中,让机器人完成移动、转头、张手等动作分别要调用 ALMotion 模块的 moveto()、setAngles()、openHand()等方法。

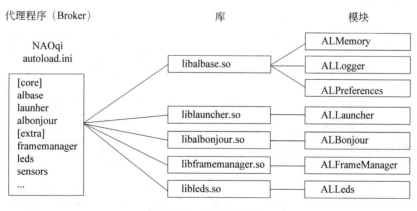

图 3.1 NAOqi 进程

使用 NAOqi 模块时,不需要像普通 Python 程序那样用 import 语句导入所用模块。模块通过 Broker 通告它所提供的方法。通过 Broker,任何模块都可以找到所有已经通告的模块及方法,如图 3.2 所示。

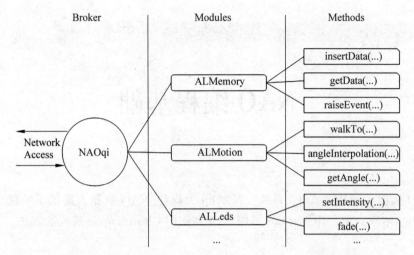

图 3.2　通过网络方式(机器人或外部计算机)访问 NAOqi 模块

Broker 主要有两个作用:
(1) 直接服务,查找模块和方法;
(2) 网络访问,从 Broker 进程外部调用模块方法。

Broker 既是一个可执行程序,也是一个服务器,可以对指定的 IP 和端口监听远程命令。远程计算机、其他机器人、机器人自身的程序(Broker 的外部进程)都可以使用 IP 地址和端口调用模块及方法。也就是说,通过 IP 和端口调用 NAOqi 模块的程序,既可以在机器人上运行,也可以在远程计算机上直接运行。

一般来说,Broker 是透明的。大部分情况下,编程时可以不考虑 Broker,调用本地模块的代码与调用远程模块的代码是一样的。

3.1.2　使用模块

NAOqi 模块可以在同一进程(NAOqi 进程)内部调用,也可以通过网络调用,为使编程模式统一,NAO 使用代理(Proxy)方式调用 NAOqi 模块。为一个模块创建 Proxy 对象后,Proxy 对象就代表了这个模块。

在计算机上安装了 Python SDK 后(参见附录 A),就可以在计算机端使用 NAOqi 包里的 Python API 及模块。

代码清单 3-1　让 NAO 说话(say.py)

```
from naoqi import ALProxy
tts = ALProxy("ALTextToSpeech", "192.168.1.170", 9559)   #将"192.168.1.170"替
                                                          换成所用机器人 IP
tts.say("Hello, world!")
```

上述代码中,ALProxy 类用于创建模块的代理对象。ALTextToSpeech 是 NAOqi

中将文本转换为语音的模块。ALTextToSpeech 模块的代理对象 tts 创建后,tts 就代表了 ALTextToSpeech 模块,可以直接使用其所有方法,本例中使用了 say 方法,实现"说话"。程序中并没有指出 ALTextToSpeech 模块所在位置,对模块及 say 方法的查找由 Broker 完成。"192.168.1.170"是机器人当前使用的 IP 地址(NAO 的 IP 地址有有线地址和无线地址两种,按胸前按钮 NAO 所报 IP 地址为当前使用地址)。

程序运行前,需要确保计算机与机器人之间网络是连通的(可以使用 ping 命令进行测试)。say.py 可以在计算机上运行(在 PyCharm 中直接运行),也可以将其上传到机器人的/home/nao 目录下,在机器人上运行。程序运行时,可以听到 NAO 发出的语音。

ALProxy 类创建代理对象有如下两种方法。

(1) class ALProxy(name,ip,port)

name:调用的模块名。

ip:机器人使用的 IP 地址。

port:端口,默认为 9559。

(2) class ALProxy(name)。

name:调用的模块名。

方法(2)中只使用模块的名称。在这种情况下,正在运行的代码和要连接的模块必须位于同一代理(Broker)中。在使用 Choregraphe 编程时,由于 Choregraphe 会将所写程序上传到机器人并做相应设置,使其能直接调用 NAOqi 模块,所以创建模块代理时使用的是方法(2)。

3.1.3 阻塞和非阻塞调用

NAOqi 的方法从调用时间上看大体上可以分为两类,如读传感器状态 getData()方法(属于 ALMemory 模块)可以很快完成,而让机器人移动到某个位置的 move()方法(属于 ALMotion 模块)要执行很长时间。在 move()方法调用过程中,机器人可能还需要做其他的事,如用"眼睛"看,或者"说话",因此,在调用 move()方法时,还需要同时调用其他方法。NAOqi 提供了如下两种调用方式。

(1) 阻塞调用。阻塞调用是指调用结果返回之前,调用者会进入阻塞状态等待。只有在得到结果之后才会返回。也就是说,在顺序结构的程序中,只有在前一个调用结束后才能执行下一条语句。

所有的阻塞调用都可以引发异常,应该使用 try-catch 结构捕获异常。调用可以有返回值。

对于 NAOqi 任何阻塞调用方法,如果使用 Proxy 的 post 对象进行调用,将在并行线程中创建任务,这样可以同时执行后面的语句。

(2) 非阻塞调用。指在不能立刻得到结果之前,该方法不会阻塞当前线程,而会立刻返回。这样就可以继续执行下面的语句。

代码清单 3-2　让 NAO 说话与行走

```
from naoqi import ALProxy
import time
```

```
motion =ALProxy("ALMotion", "192.168.1.170", 9559)    #将"192.168.1.170"替换成
                                                      所用机器人 IP
tts=ALProxy("ALTextToSpeech", "192.168.1.170", 9559)
motion.setStiffnesses("Body", 1.0)
time.sleep(1.0)
motion.moveInit()
motion.post.moveTo(0.5, 0, 0)
tts.say("I'm walking")
```

上述代码首先创建了 ALMotion 运动模块和 ALTextToSpeech 语音模块的代理对象，例 3-2 中调用了如下几种方法。

setStiffnesses()：设置关节的刚度（电机的转矩限制），刚度为 0 时关节做不了任何运动，非阻塞调用。

moveInit()：运动进程的初始化，检查机器人的当前状态，并选择一个正确的姿势，阻塞调用。

moveTo()：移动到指定坐标位置，阻塞调用。

setStiffnesses()方法为非阻塞调用方法，由于关节的刚度设置需要一定的时间（几毫秒），如果不经过 time.sleep(1.0)延迟，调用 moveInit()时，各关节的刚度不一定都已经设置为 1.0，moveInit 方法将不会正确执行。

moveInit()为阻塞调用方法，完成机器人行走前的准备动作。例如，如果机器人初始状态为休息状态，调用 moveInit 方法后，机器人进入准备行走状态（站立、屈膝）。moveInit 方法的最长执行时间会超过 1s，方法执行完成后，才会执行 moveTo()方法。

moveTo()为阻塞调用方法，使用 post 对象调用 moveTo()方法，将创建新的并行线程，在新线程中调用 moveTo()方法，原线程继续调用后面的 say()方法。

程序执行结果：机器人一边向前走，一边说 I'm walking，在 0.5m 处停止。

3.1.4 内存

NAOqi 各个模块间是通过内存交换数据的。如图 3.3 所示，管理内存的是 ALMemory 模块。

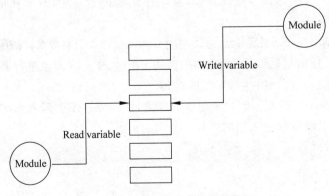

图 3.3 NAOqi 通过内存交换数据

内存中的数据大体上可以分为以下两类。

(1) NAO 的状态数据,包括执行器和传感器的数据。NAO 安装了几十个传感器,NAOqi 周期性地调用各种传感器驱动程序接口,将传感器值写到内存中。其他模块可以读内存中当前状态下传感器值。例如,在调用 ALMotion 模块的 moveTo() 方法时,NAO 在向前走的过程中,会不断读取位置传感器、惯性传感器、压力传感器的取值,根据当前状态和行走距离调整步态,最后在向前走 0.5m 后停止。

代码清单 3-3 读取 NAO 行走过程中的加速度计取值

```
from naoqi import ALProxy
import time
motion =ALProxy("ALMotion", "192.168.1.170", 9559)    #将"192.168.1.170"替换成
                                                       所用机器人 IP
memory=ALProxy("ALMemory","192.168.1.170",9559)
motion.setStiffnesses("Body", 1.0)
time.sleep(1.0)
motion.moveInit()
motion.post.moveTo(0.5, 0, 0)
for i in range(0,40):
    print memory.getData("Device/SubDeviceList/InertialSensor/
        AccelerometerX/Sensor/Value")
    time.sleep(0.2)
```

为了在运动过程中读取加速度计传感器的取值,与代码清单 3-2 一样,使用非阻塞调用方式调用 moveTo() 方法。ALMemory 模块的 getData() 方法从内存中读取执行器/传感器的取值。

ALMemory 以无序映射(unordered_map)的方式存储数据,每个数据是一个键值对。NAOqi 为每个执行器/传感器定义了一个名称,getData() 方法以此名称为键,在内存中读取相应值。Device/SubDeviceList/InertialSensor/AccelerometerX/Sensor/Value 表示 X 轴加速度传感器。

程序运行后,机器人向前走 0.5m,输出数据如下:

```
 0.411943376064    0.795146524906    0.0479003936052   -0.344882816076
-0.613125026226   -0.249082043767
 0.517324268818    0.0479003936052  -0.325722664595    1.56155276299
 6.3515920639      4.26313495636
 2.26089859009    -1.4944922924     2.87402367592    -0.0766406282783
 3.29554700851    -0.613125026226
-0.18202149868   -0.641865253448   -1.21666991711    0.766406297684
-2.13635754585    2.93150401115
 ...
```

数据含义:机器人由静止状态到正常行走状态,速度由小变大,接近终点时需要修正步长,速度会有所下降。

（2）订阅的事件/微型事件数据。像人脸识别等模块，由于处理过程运算量非常大，NAOqi 只在订阅这些功能时才向内存中写数据，而不会像传感器那样周期性地写数据。订阅的模块运行完成后将以事件的方式通知 NAOqi。

订阅数据也通过键从内存中读取，各订阅模块产生的数据通常使用列表表示，列表元素是其他类型或列表。ALMemory 使用的数据类型如表 3.1 所示。

表 3.1　ALMemory 使用的数据类型

类型	C++	Python
整型	int	整型
布尔型	bool	布尔型
浮点型	float	浮点型
列表	vector<ALValue>	[]
字符串	std::string	字符串
二进制数据	ALValue	字符串

3.2　Choregraphe 编程基础

Choregraphe 是 NAO 提供的编程环境。用 Choregraphe 可以创建应用于 NAO 机器人的行为模块，并可以将其上传至所连接的机器人进行测试。Choregraphe 采用的是图形化编程，创建复杂行为模块（例如人机交互、跳舞等）不需要用户编写任何一条代码，Choregraphe 也提供用户自定义功能，允许使用 Python 语言编写自定义模块。

3.2.1　Choregraphe 应用程序界面

打开 Choregraphe，主界面如图 3.4 所示。
各窗口功能介绍如下。
① 指令盒库：指令盒库中包括基本的指令盒，如走路、说话、声源定位等。
② 流程图操作区：通过连线把拖放至此的指令盒按一定顺序连接起来，实现一定的功能。
③ 机器人视图：NAO 机器人的 3D 显示窗口，显示实体机器人或虚拟机器人。若已连接实体 NAO，窗口中显示的是实体 NAO 的状态。选择"连接"→"连接至虚拟机器人"菜单，连接虚拟 NAO 机器人，则机器人视图中显示的是虚拟机器人。
④ 姿势库：放置了三个基本姿势，Stand、StandInit 和 StandZero。
⑤ 视频显示器：显示 NAO 机器人相机所拍摄的画面。
⑥ 项目内容：显示项目中的文件。

3.2.2　指令盒分类

指令盒是 Choregraphe 中对 NAO 进行控制的基本单位。指令盒库中即有像 say 这

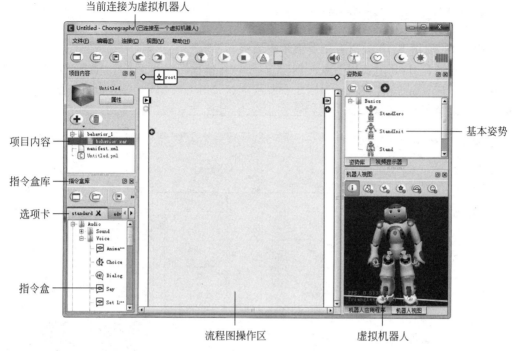

图 3.4 Choregraphe 主界面

样功能比较简单的指令盒(将文本转化为语音),也有像人脸识别那样功能比较复杂的指令盒。

利用 Choregraphe 进行机器人程序设计,一般来说,就是将机器人要执行的动作/行为分解为一组基础的动作,每个动作由指令盒(组)实现。这些指令盒即可以是 Choregraphe 的指令盒库中的指令盒,也可以是自定义的 Python 指令盒。将指令盒用连接线连接起来,按照一定顺序及流程定义执行过程。机器人从第一个指令盒开始执行,前一个指令盒执行完成后,后一个指令盒开始执行,在最后一个指令盒执行完成后,将完成整个动作。

Choregraphe 中的指令盒有 4 种类型,分别是 Python 语言指令盒、流程图指令盒、时间轴指令盒和对话指令盒。

① Python 语言指令盒:使用 Python 语言编写,可以自定义构造方法、装载方法、卸载方法、输入和输出事件,Choregraphe 提供的基本指令盒大部分属于 Python 语言指令盒,如 Stand up、Sit Down 等动作指令盒。

② 流程图指令盒:指令盒的数量比较多时,可以使用流程图指令盒将若干相互连接的指令盒合并到同一个指令盒中,获得一个可读性更强的流程图,简化程序。

③ 时间轴指令盒:包含一个时间轴,在这个时间轴上可以储存关节值,以关键帧的形式定义和编写各种动作。

④ 对话指令盒:使机器人完成一些预定义的简单对话,支持中英文等多种语言。

3.2.3　Python 语言指令盒

例 3.1　使用 Python 语言指令盒切换姿势。

（1）创建 Python 语言指令盒。创建新项目，在流程图操作区右击，选择"创建一个新指令盒"→"Python 语言"命令，如图 3.5 所示。在 Edit box 窗口中，为指令盒指定一个名称 posture，单击"确定"按钮，生成一个新指令盒，如图 3.6 所示。

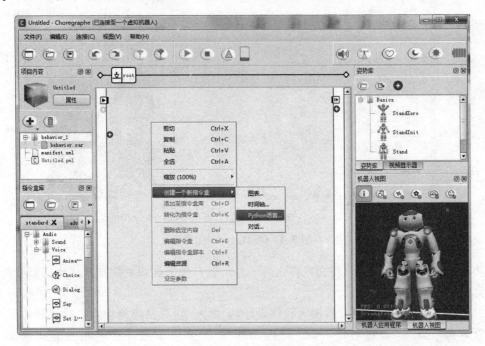

图 3.5　创建指令盒

一个指令盒有输入点（位于指令盒图标左侧）和输出点（位于指令盒图标右侧），用于把不同的指令盒相互连接在一起。事实上，要激活一个指令盒的输入点，必须把它连接至一个行为的输入点（流程图屏幕左上方）或是另一个指令盒的输出点。Python 语言指令盒包括两个输入点 onStart 和 onStop，一个输出点 onStopped。输入点或输出点的个数可以按照需要添加或删除。

onStart 输入点：接收到信号后，指令盒行为开始。

onStop 输入点：接收到信号后，指令盒行为结束。

onStopped 输出点：指令盒行为结束后，由输出点发出信号。

选中 posture 指令盒，右击，选择"编辑指令盒"命令，重新打开如图 3.6 所示的编辑指令盒窗口，单击输入点 onStart 右侧第二个按钮，打开"编辑已有输入点"窗口，如图 3.7 所示。onStart 输入点的默认类型是"激活"，输入点接收的是"激活"信号。

（2）定义流程线。将鼠标定位到流程图工作区左侧输入边界（input border）的 onStart 输入点图标处，按住左键，拖动到新建指令盒左侧的 onStart 输入点图标处，释放左键，在两个输入点图标间画出一条流程线，如图 3.8 所示。

图 3.6　Edit box 窗口　　　　　　　图 3.7　编辑输入点窗口

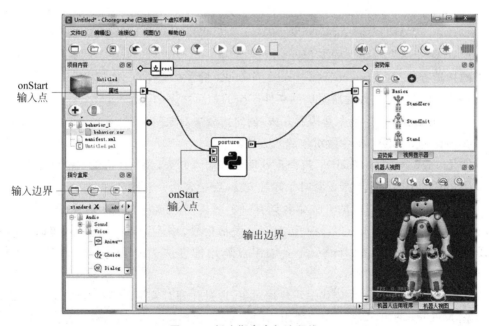

图 3.8　新建指令盒与流程线

开始信号从输入边界上的 onStart 按钮处产生,因此需要把流程图连接到 onStart 按钮上,这个流程图才有效。

当一个流程结束时,信号会被传送到输出边界的 onStop 按钮上。用同样的操作方法,在新建指令盒的 onStopped 输出点图标和输出边界 onStopped 输出点间画一条流程线。

(3)利用 Python 编写程序。双击"posture 指令盒",打开脚本编辑器,Choregraphe 利用模板建立的 MyClass 类如下。

代码清单 3-4　MyClass 类

```
class MyClass(GeneratedClass):
    def __init__(self):
        GeneratedClass.__init__(self)
    def onLoad(self):
        #put initialization code here
        pass
    def onUnload(self):
        #put clean-up code here
        pass
    def onInput_onStart(self):
        #self.onStopped() #activate the output of the box
        pass
    def onInput_onStop(self):
        self.onUnload() #it is recommended to reuse the clean-up as the box is stopped
        self.onStopped() #activate the output of the box
```

posture 指令盒所建立的类 MyClass 父类为 GeneratedClass,在类的构造方法中调用父类的构造方法 GeneratedClass.__init__(self)。除了构造方法外,MyClass 类中也定义了一些其他方法,这些方法所对应的事件产生的前后次序如下。

① __init__(self):指令盒构造方法,创建指令盒对象时调用。

② onLoad(self):指令盒对象载入方法。

③ onInput_onStart(self):指令盒处理外部输入方法,收到外部输入信号时调用。

④ onUnload(self):指令盒对象卸载方法,在销毁指令盒对象时调用。

输入点和输出点对应的方法命名具有一定的规则,如名称为 onStart 的输入点对应的方法是 onInput_onStart()。在开始信号(激活信号)输入到 onStart 输入点时,将调用 onInput_onStart()方法。onStopped 输出点调用的方法为 onStopped(),激活指令盒输出。

(4)利用 ALProxy 类创建模块代理对象,通过代理对象调用模块方法。

在 MyClass 类的构造方法中使用 ALProxy 创建模块代理对象,格式为:

```
ALProxy(模块名)
```

ALRobotPosture 模块可以让机器人做各种预先定义好的姿势,如图 3.5 所示姿势库中的 Stand、StandInit、StandZero 等。

代码清单 3-5　MyClass 类添加模块代理对象

```
class MyClass(GeneratedClass):
    def __init__(self):
        GeneratedClass.__init__(self)
        self.posture=ALProxy("ALRobotPosture")
    ⋮
```

(5) 使用 ALRobotPosture 模块对象方法。

代码清单 3-6　MyClass 类

```
class MyClass(GeneratedClass):
    def __init__(self):
        GeneratedClass.__init__(self)
        self.posture=ALProxy("ALRobotPosture")
    def onLoad(self):
        pass
    def onUnload(self):
        pass
    def onInput_onStart(self):
        self.posture.goToPosture("StandInit", 1.0)
        self.posture.goToPosture("SitRelax", 1.0)
        self.onStopped()
        pass
    def onInput_onStop(self):
        self.onUnload()
        self.onStopped()
```

goToPosture(姿势名称,速度)方法中,第二个浮点型参数表示转到某个姿势的速度,其中1.0表示最快速度。

(6) 选择"连接"→"连接至虚拟机器人"菜单,在机器人视图中可以看到虚拟机器人。单击工具栏上的"播放"按钮,运行程序。可以看到信号沿第一条流程线传递到 onStart 输入点,虚拟机器人在执行 onInput_onStart()方法时依次做 StandInit 和 SitRelax 姿势。在执行到 self.onStopped()时,激活输出信号,输出信号沿第二条流程线传递到输出边界的输出点而结束。如图 3.9 所示。

　　StandInit　　　　　　SitRelax

图 3.9　姿势

3.2.4　Say 指令盒

例 3.2　使用 Say 指令盒输出语音。

(1) 创建 Say 指令盒。创建新项目,在指令盒库中选择 Audio→Voice→Say 指令盒,将 Say 指令盒拖到流程图工作区中,连接起始流程线和结束流程线,如图 3.10 所示。单击指令盒左下角的参数设置图标,设置声音整型(调节音调)和语速参数,如图 3.11 所示。

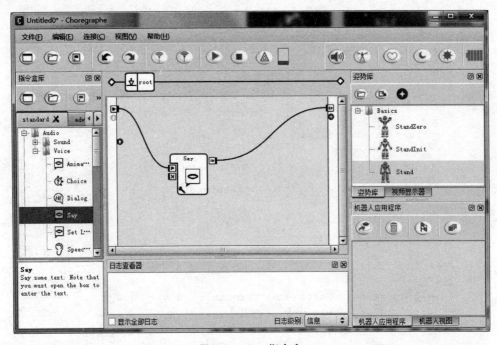

图 3.10　Say 指令盒

(2) 双击流程图中的 Say 指令盒。可以看到 Say 指令盒由两个指令盒组成,Localized Text 和 Say Text。在打开的 Localized Text 指令盒中选择机器人当前所使用的语言,输入需要输出的文字,如图 3.12 所示。

(3) 连接机器人。按 NAO 前胸按钮,记录机器人当前所用 IP 地址。选择"连接"→"连接至"菜单,在弹出的"连接至"对话框中双击待连接机器人。机器人与 Choregraphe 连接成功后,机器人视图中将显示已连接机器人。如果机器人未出现在机器人列表中,选中"使用固定的 IP/主机名"复选框,在文本框中输入 IP 地址后,单击"选择"按钮,如图 3.13 所示。

图 3.11　指令盒参数设置

(4) 单击工具栏上的"播放"按钮,Choregraphe 将文件上传至机器人中并运行,机器人将在 Localized Text 中输入的文字转化为语音并利用扬声器"说出来"。

虚拟机器人支持 Say 指令盒,但是不会驱动计算机发声,只是在虚拟机器人上以文本显示,文本同时也输出到对话窗口(选择"视图"→"对话"可打开对话窗口)。

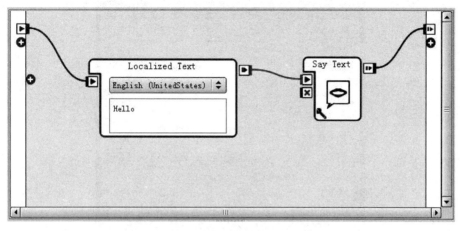

图 3.12　Say 指令盒构成

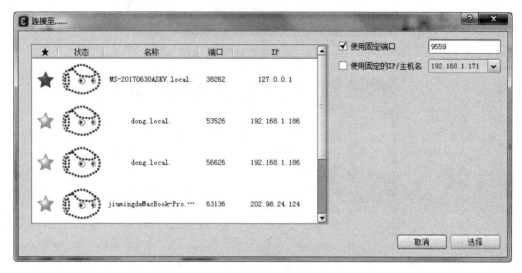

图 3.13　连接机器人

3.2.5　指令盒参数

指令盒的输入点、输出点和参数是可增减的。在设计阶段为指令盒指定参数，在运行阶段，指令盒程序可以通过参数接收数据。

例 3.3　利用指令盒参数控制机器人动作。

（1）创建 Python 语言指令盒。创建新项目，在流程图操作区右击，选择"创建一个新指令盒"→"Python 语言"命令。在 Edit box 窗口中，为指令盒指定一个名称 posture。单击"参数"右侧第一个添加按钮，在添加新参数窗口中，添加参数名为 name，类型为"字符串"的参数。单击 Multiple Choices 右侧的"添加"按钮，依次添加 Stand、StandInit、Crouch、StandZero、SitRelax 和 Sit，如图 3.14 所示。继续添加一个类型为"整数"，名称为"speed(%)"的参数，如图 3.15 所示。

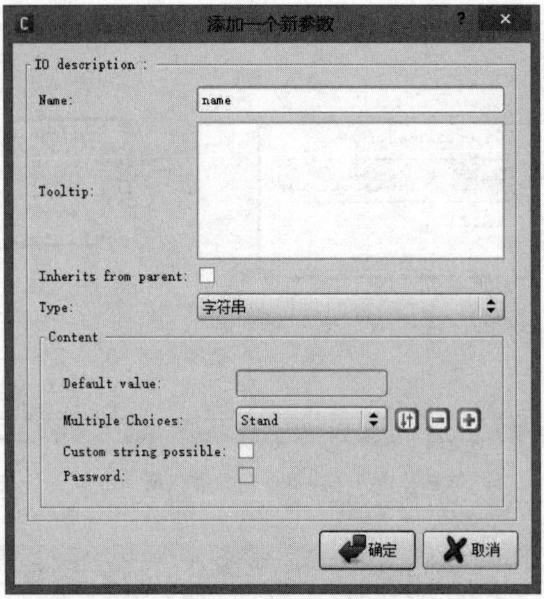

图 3.14　编辑指令盒 name 参数

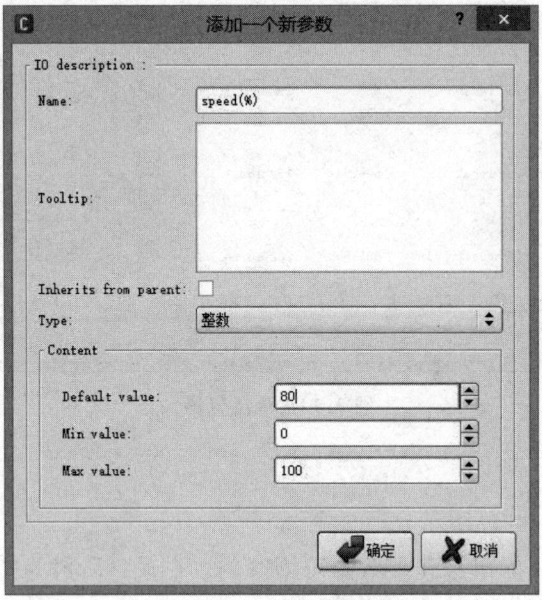

图 3.15　编辑指令盒 speed(%)参数

(2) 编辑指令盒脚本。

代码清单 3-7　MyClass 类

```
class MyClass(GeneratedClass):
    def __init__(self):
        GeneratedClass.__init__(self)
        self.posture=ALProxy("ALRobotPosture")
```

```
def onLoad(self):
    #put initialization code here
    pass
def onUnload(self):
    #put clean-up code here
    pass
def onInput_onStart(self):
    self.posture.goToPosture(self.getParameter("name"),
        self.getParameter("speed(%)")/100.0)
    self.onStopped() #activate the output of the box
    pass
def onInput_onStop(self):
    self.onUnload() #it is recommended to reuse the clean-up as the box is stopped
    self.onStopped() #activate the output of the box
```

getParameter()方法是 MyClass 父类 GeneratedClass 的方法,实现接收参数。在 goToPosture()方法中,第一个参数"姿势名称"是字符串型,第二个参数"速度"是最大值为 1.0 的浮点数。由于指令盒的参数 name 为字符串,参数 speed(%)为整型数据,因此在使用 getParameter()方法接收参数 speed(%)后,需要除以 100.0。

(3) 选中 posture 指令盒,右击选择"复制"命令,执行两次"粘贴"命令。连接流程线如图 3.16 所示。分别为 3 个指令盒设置参数 name 为 Stand、StandZero 和 Sit,如图 3.17 所示。

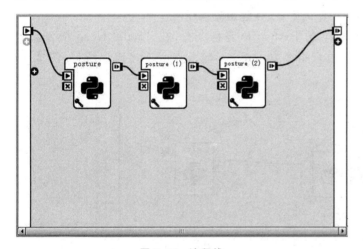

图 3.16 流程线

图 3.17 设置指令盒参数

(4) 选择"连接"→"连接至虚拟机器人"菜单,单击工具栏上的"播放"按钮,运行程序。可以看到信号沿流程线传递到第一个指令盒 onStart 输入点,虚拟机器人在执行 onInput_onStart()方法时取出参数 name 值,执行 Stand 姿势;完成后,信号由第一个指令盒 onStopped 输出点传出,传递给第二个指令盒,执行 StandZero 姿势,最后再执行 Sit 姿势。

3.2.6 指令盒输入与输出

指令盒的输入点通过接收事件信号或数据启动或停止指令盒,输出点在指令盒执行期间或结束时发出事件信号或数据。指令盒输入点与输出点类型如表 3.2 所示。

表 3.2　输入点、输出点常用类型

属性	图标	盒内图标	类型	功　　能
onStart	▶	▶	输入	信号到达该点,启动指令盒
onStop	✖		输入	信号到达该点,停止指令盒
onEvent	□	▯	输入	接收信号后,调用脚本的 onInput_ ＜input_name＞ 函数。接收到的信号被传输到指令盒的流程图中
ALMemory Input		▱	输入	只在流程图指令盒内部使用,不接收指令盒外部信号。ALMemory 存储的传感器值发生更新事件时,产生激励信号
onLoad		▣	输入	时间轴指令盒流程图装载时,产生信号
onStopped	▶	▶	输出	指令盒停止时,产生信号。在 Python 指令盒中调用相应方法,产生输出信号
punctual	□	▯	输出	不启动或停止指令盒,输出信号

1. 激活型输入输出

例 3.4　利用头部触摸传感器控制机器人说话。

(1) 创建新项目,在指令盒库中选择 Standard→Sensing→Tactile Head 指令盒,将 Tactile Head 指令盒拖到流程图工作区中,连接起始流程线。

(2) 创建一个名称为 saystory 的 Python 语言指令盒,在 Tactile Head 指令盒的 frontTouched 输出点与 Python 语言指令盒 onStart 输入点间连接流程线,如图 3.18 所示。

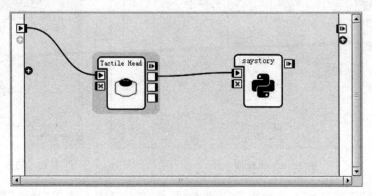

图 3.18　流程线连接

(3) 选中 frontTouched 输出点,右击,选择 Edit output 命令,在 Edit existing output 窗口中可以看到输出点类型设置为"激活"。如图 3.19 所示,按同样的操作,查看 onStart 输入点,输入点类型也设置为"激活"。从 frontTouched 输出点图标可以看出,该输出点只输出信号,"激活"类型表示输出的是信号,而不是数字或字符串。onStart 输入点接收到 frontTouched 输出点输入的"激活"信号后,将启动指令盒。

图 3.19 输出点设置

(4) 编辑 saystory 指令盒脚本。

代码清单 3-8　MyClass 类

```
class MyClass(GeneratedClass):
    def __init__(self):
        GeneratedClass.__init__(self)
        self.tts=ALProxy("ALTextToSpeech")
    def onLoad(self):
        pass
    def onUnload(self):
        pass
    def onInput_onStart(self):
        #self.onStopped() #activate the output of the box
        self.tts.say("touched front tactile")
        pass
    def onInput_onStop(self):
        self.onUnload() #it is recommended to reuse the clean-up as the box is stopped
        self.onStopped() #activate the output of the box
```

(5) 选择"连接"→"连接至虚拟机器人"菜单,单击工具栏上的"播放"按钮,运行程序。双击 frontTouched 输出点,可以看到信号从输出点输出,传入到 onStart 输入点。打开"对话"窗口,可以看到输出了"机器人：touched front tactile"。

(6) 连接实体机器人,单击工具栏上的"播放"按钮,将程序上传到机器人上并运行。触摸机器人头部前部触摸传感器,可以听到机器人说的"touched front tactile"。

2. 非激活型输入输出

非激活型输入数据读入：在输入点对应方法中作为参数读入。
非激活型输出数据输出：在输出点对应方法中作为参数输出。

例 3.5　在两个指令盒间传递字符串(机器人所说的话)。

（1）在上例基础上，双击 Tactile Head 指令盒，指令盒内部结构如图 3.20 所示。Tactile Head 指令盒是一个流程图指令盒，从内存中读取头部 3 个触摸传感器的输入，在发生传感器值更新事件时，产生激励信号，信号传给 if 指令盒。if 指令盒的 onStart 输入点输入类型为"动态"，onStop 输出点输出类型为"激活"。Tactile Head 指令盒输出点类型为"激活"。

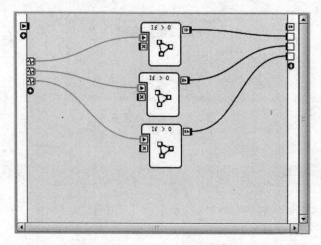

图 3.20　Tactile Head 指令盒结构

（2）双击第一个 if 指令盒，打开 Python 脚本，代码如下：

代码清单 3-9　Tactile Head 指令盒中 if 指令盒代码

```python
class MyClass(GeneratedClass):
    def __init__(self):
        GeneratedClass.__init__(self, False)
    def onLoad(self):
        pass
    def onUnload(self):
        pass
    def onInput_onStart(self, p):
        if(p > 0):
            self.onStopped() #~ activate output of the box
        pass
    def onInput_onStop(self):
        self.onUnload()
        pass
```

与前面几例不同，此处的输入事件方法 onInput_onStart 中，除了 self 作为参数外，还有另一个参数 p，p 是外部输入数据。如果 p 大于 0，调用输出方法 self.onStopped(对应输出点名称 onStopped)。由于 onStopped 方法中无参数，仅产生输出激活信号。

（3）参照图 3.19 所示方法，将 3 个 if 指令盒输出点类型修改为"字符串"，将 frontTouched、middleTouched 和 rearTouched 输出点类型修改为"字符串"，saystory 指令盒 onStart 输入点类型修改为"字符串"。

（4）修改第一个 if 指令盒的代码如下。

代码清单 3-10　Tactile Head 指令盒中 if 指令盒代码

```
    :
    def  onInput_onStart(self, p):
        if(p >0):
            self.onStopped("touched front tactile") #~ activate output of the box
        pass
    :
```

其他两个 if 指令盒代码也做相应修改，分别修改为：self.onStopped("touched middle tactile")和 self.onStopped("touched rear tactile")。

（5）修改 Python 语言指令盒的代码如下。

代码清单 3-11　saystory 指令盒代码

```
    :
    def onInput_onStart(self, p):
        #self.onStopped() #activate the output of the box
        self.tts.say(p)
        pass…
```

（6）将 saystory 指令盒复制两份，分别与 middleTouched 和 rearTouched 输出点用流程线相连，如图 3.21 所示。

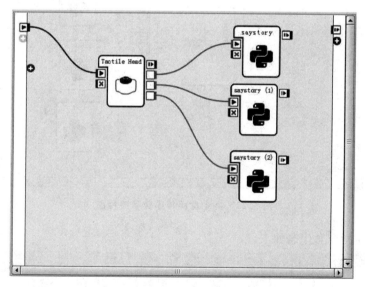

图 3.21　流程结构

（7）连接实体机器人，单击工具栏上的"播放"按钮，将程序上传到机器人上并运行。触摸机器人头部前触摸传感器，可以听到机器人说的"touched front tactile"，触摸机器人头部中间触摸传感器和后部触摸传感器,可以分别听到机器人说的"touched middle tactile"和"touched rear tactile"。

本例中,saystory 指令盒代码中在 onInput_onStart()方法中,没有激活指令盒的输出(调用 onStopped 方法),也没有结束流程线,机器人头部的触摸传感器可以触摸多次。

例 3.6 在两个指令盒间传递数字。

(1)创建新项目,在指令盒库中选择 Standard→Sensing→Tactile Head 指令盒,将 Tactile Head 指令盒拖到流程图工作区中,连接起始流程线。

(2)新建 Python 语言指令盒,名称为 count,添加一个输出点,输出点命名为 output_count,类型为"数字"。

(3)在指令盒库中选择 Standard→Flow control→Switch Case 指令盒,将 Switch Case 指令盒拖到流程图工作区中。修改 onStart 输入点类型为"数字",并将其与 output_count 输出点间连接流程线。编辑 case 项,在各项中分别输入数字 1、2、3 和 4。

(4)新建 Python 语言指令盒,名称为 say1,修改 onStart 输入点类型为"动态"。复制 say1 指令盒 3 份,分别命名为 say2,say3,say4。与连接流程 Switch Case 指令盒输出点间连接流程线,如图 3.22 所示。

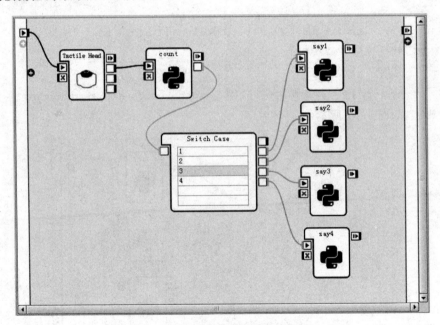

图 3.22 指令盒间传递数字流程图

(5)count 指令盒代码如下。

代码清单 3-12 count 指令盒代码

```
class MyClass(GeneratedClass):
    def __init__(self):
        GeneratedClass.__init__(self)
        self.maxnum=4
```

```
        self.number=0
    def onLoad(self):
        pass
    def onUnload(self):
        pass
    def onInput_onStart(self):
        self.number=self.number%self.maxnum+1
        self.output_count(self.number) #activate the output of the box
        pass
    def onInput_onStop(self):
        self.onUnload() #it is recommended to reuse the clean-up as the box is stopped
        self.onStopped() #activate the output of the box
```

（6）say1～say4 指令盒代码如下。

代码清单 3-13   say1～say4 指令盒代码

```
class MyClass(GeneratedClass):
    def __init__(self):
        GeneratedClass.__init__(self)
        self.tts=ALProxy("ALTextToSpeech")
    def onLoad(self):
        pass
    def onUnload(self):
        pass
    def onInput_onStart(self, p):
        #self.onStopped() #activate the output of the box
        self.tts.say(str(p))
        pass
    def onInput_onStop(self):
        self.onUnload() #it is recommended to reuse the clean-up as the box is stopped
        self.onStopped() #activate the output of the box
```

（7）连接实体机器人，单击工具栏上的"播放"按钮，将程序上传到机器人上并运行。每触摸机器人头部前触摸传感器，可以听到机器人所说出的数字在前一次基础上加 1，4 的下一次回到 1。

3.2.7　NAO 机器人状态

Nao 有 4 种状态，分别为互动（Interactive）、孤立（Solitary）、保护（Safeguard）和禁用（Disabled）。NAO 模仿人类，具有"呼吸"、识别声源（根据声源转头）、识别人脸、与人互动等功能，这种互动状态称为自主生活（ALAutonomousLife），该模块是在机器人互动状态时自动启动的一些活动，在同一时间只能运行一种。机器人默认是开启自主生活的。在测试新程序或研究机器人的一些功能时，例如，想控制 NAO 的头部运动，显然需要将自主生活关闭,这样才不会影响程序运行。

打开和关闭自主生活方法如下。

(1) 双击机器人胸部按钮。

(2) Choreograph 软件中单击工具栏右部"打开(关闭)自主生活"按钮♡。

(3) 在 Nao 的网页中设置。

开启自主生活后,如果 NAO 是蹲着的,会站起来;如果 NAO 是坐着的,仍然坐着。

第 4 章 运动控制

NAO 机器人由头、躯干、臂、手、腿、足等部件组成,连接两个部件的是关节。大多数相连部件之间可以在两个甚至三个方向上做相对运动,每个方向上的运动都是通过电机驱动机械结构完成的。本章首先介绍 NAO 的关节结构,然后介绍控制关节及运动的编程方法。

4.1 关　　节

NAO 使用旋转集合横滚(roll)、俯仰(pitch)和偏转(yaw)表示运动姿态,分别对应绕 X、Y 和 Z 轴方向上的旋转。每个关节名称由部件名称+姿态名称组成,如图 4.1 所示。

在描述关节的运动范围时,沿旋转轴顺时针方向转动为负,逆时针转动为正,单位为度或弧度。

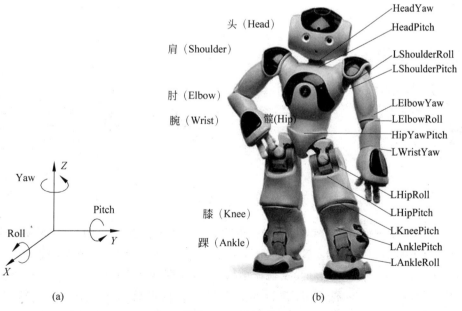

图 4.1　NAO 关节

4.1.1 头部关节

头部关节包括做低头、仰头动作的 HeadPitch 和做转头动作的 HeadYaw。其中低头（沿 Y 轴逆时针方向）的最大幅度为 29.5°，仰头的最大幅度是 −38.5°。头部左转（沿 Z 轴逆时针方向）的最大幅度是 119.5°，右转的最大幅度是 −119.5°。以弧度表示头部运动范围时，HeadPitch 的范围是 [−0.6720, 0.5149]，HeadYaw 的范围是 [−2.0857, 2.0857]。

由于护肩的影响，头部在同时做左右转动和低头动作时，动作范围会有所变化。头部关节运动情况参见图 1.5。

4.1.2 臂部关节

臂部肢体通过肩部与躯干相连，包括肩关节、肘关节、腕关节和手，臂部所有关节都是左右对称的。做绕 X 轴旋转的相同关节动作时，左右两侧旋转角度互反。臂部关节运动范围如图 4.2 所示。

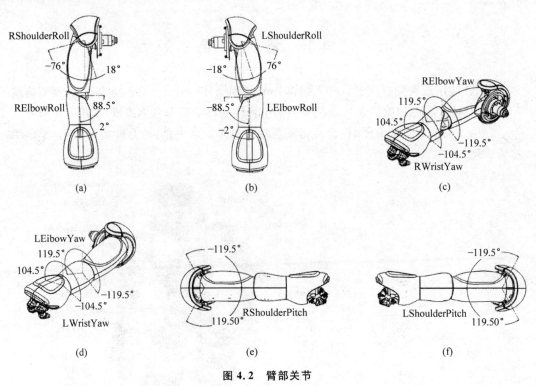

图 4.2 臂部关节

(1) ShoulderRoll，肩关节，执行左右臂侧上举动作（绕 X 轴），包括 LShoulderRoll、RShoulderRoll，动作幅度范围左臂为 [−18°, 76°]，右臂为 [18°, −76°]，弧度范围为 [−0.3142, 1.3265] 和 [0.3142, −1.3265]。受机械结构限制，双臂侧上举时达不到平举程度。

(2) ShoulderPitch，肩关节，执行左右臂经体前前摆或后摆动作（绕 Y 轴），包括 LShoulderPitch、RShoulderPitch，左右臂动作幅度范围为 [−119.5°, 119.5°]，弧度范围

为[−2.0857,2.0857]。

(3) ElbowRoll,肘关节,执行左右臂弯肘动作(绕 X 轴),包括 LElbowRoll、RElbowRoll,动作幅度范围左肘为[−88.5°,−2°],右肘为[2°,88.5°],弧度范围为[−1.5446,−0.0349]和[0.0349,1.5446]。

(4) ElbowYaw,肘关节,执行左右肘转小臂动作(绕 Z 轴),包括 LElbowYaw、RElbowYaw,动作幅度范围为[−119.5°,119.5°],弧度范围为[−2.0857,2.0857]。

(5) WristYaw,腕关节,执行左右腕旋转动作(绕 Z 轴),包括 LWristYaw、RWristYaw,动作幅度范围为[−104.5°,104.5°],弧度范围为[−1.8238,1.8238]。

4.1.3 髋关节

髋部连接腿部与躯干,用于控制腿部的运动。髋关节运动范围如图 4.3 所示。

(1) LHipYawPitch,髋关节,执行左腿外转或内转动作(绕 Y−Z 45°轴,左上方 45°),动作幅度范围为[−65.62°,42.44°],弧度范围为[−1.145303,0.740810]。

(2) RHipYawPitch,髋关节,执行右腿外转或内转动作(绕 Y−Z 45°轴,右上方 45°),动作幅度范围为[−65.62°,42.44°],弧度范围为[−1.145303,0.740810]。与 LHipYawPitch 使用同一个电机,与 LHipYawPitch 不能同时使用,优先级低于 LHipYawPitch。

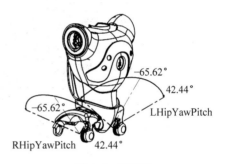

图 4.3 髋关节

4.1.4 腿部关节

腿部肢体通过髋部与躯干相连,包括髋关节、膝关节和踝关节,腿部所有关节都是左右对称的。腿部关节运动范围如图 4.4 所示。

(1) HipPitch,髋关节,执行左右腿经体前前摆或后摆动作(绕 Y 轴),包括 LHipPitch 和 RHipPitch,左右腿动作幅度范围为[−88.0°,27.73°],弧度范围为[−1.535889,0.484090]。

(2) HipRoll,髋关节,执行左右腿横向移动动作(绕 X 轴),包括 LHipRoll 和 RHipRoll,左腿动作幅度范围为[−21.74°,45.29°],弧度范围为[−0.379472,0.790477];右腿动作幅度范围为[−45.29°,21.74°],弧度范围为[−0.790477,0.379472]。

(3) KneePitch,膝关节,执行左右腿屈膝动作(绕 Y 轴),包括 LKneePitch 和 RKneePitch,左右腿屈膝动作幅度范围为[−5.29°,121.04°],弧度范围为[−0.092346,2.112528]。

(4) AnklePitch,踝关节,执行左右脚前后转动动作(绕 Y 轴),包括 LAnklePitch 和 RAnklePitch,动作幅度范围为[−67.97°,53.40°],弧度范围为[−1.186448,0.932056]。

(5) AnkleRoll,踝关节,执行左右脚左右转动动作(绕 X 轴),包括 LAnkleRoll 和 RAnkleRoll,动作幅度左脚范围为[−22.79°,44.06°],右脚范围为[−44.06°,22.80°],弧度范围左脚为[−0.397935,0.768992],右脚为[−0.768992,0.397935]。

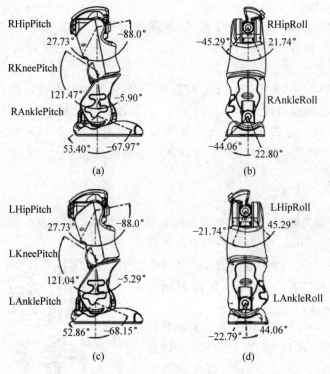

图 4.4 腿部关节

4.1.5 电机

NAO 系统中使用了 3 种直流电机,如表 4.1 所示。

表 4.1 电机

电机类型	型　号	空载转速/rpm	堵转转矩/mN·m	额定转矩/mN·m	使用关节
类型 1	22NT82213P	8300±10%	68±8%	最大 16.1	腿关节
类型 2	17N88208E	8400±12%	9.4±8%	最大 4.9	腕部偏转、手关节
类型 3	16GT83210E	10700±10%	14.3±8%	最大 6.2	头部关节、臂关节

说明：

(1) 为了增加扭力,每种电机上都加有减速箱,通过电机连接的微型齿轮降低转速。1 型电机减速率为 130.85 或 201.3,2 型电机减速率为 36.24 或 50.61,3 型电机减速率为 150.27 或 173.22。每个电机具体减速率可查阅 NAO 帮助文档。

(2) 转矩,简单地说,就是指转动的力量的大小。转矩是一种力矩,在物理学里,力矩的定义是：力矩＝力×力臂。

这里的力臂可以看成电机所带动的物体的转动半径。转矩的国际单位是 N·m。

堵转转矩和标称转矩反映了电机在启动和正常工作状态下驱动力的大小。堵转转矩是指当电机转速为零(堵转)时的转矩,如膝关节电机在启动或维持半蹲状态时都处于堵转状态。额定转矩是电机可以长期稳定运行的转矩。

手关节和腕关节带动的肢体最轻,使用转矩最小的 2 型电机。

头部关节和臂关节使用转矩较大的 3 型电机。

腿部需要支撑 NAO 全身的重量,腿关节使用转矩最大的 1 型电机,除了电机自身的微型齿轮外,腿部电机还通过外部齿轮等机械结构提供更大的扭力。

(3) 位置检测。所有的关节都是伺服控制的机构,也就是说,传输给电机的力或力矩指令都是根据检测到的关节位置与期望位置之间的差值而给定的。这就要求每个关节都要有一定的位置检测装置。位置传感器是直接安装在电机的轴上的,根据电机轴的位置可以计算得到真实的关节转角,如图 4.5 所示。

(a) 齿轮　　　　　　(b) 电机　　　　　　(c) 传感器

图 4.5　齿轮、电机与传感器

(4) 电流控制。每个电机电路板上都有一个电流传感器。为了保护电机、电路板和关节的机械部分,每个关节都有电流限制。如果电流达到最大值(电流传感器最大值),通过控制电路的反馈机制,能够减小电流直到返回到最大值以下。

NAO 使用刚度控制电机电流。刚度值可以编程设置,用于控制最大电流。刚度为 0.5 表示电流限制降至 50%。

4.2　ALRobotPosture

ALRobotPosture 模块可以让机器人转到不同的预定义姿势。预定义姿势如图 4.6 所示。

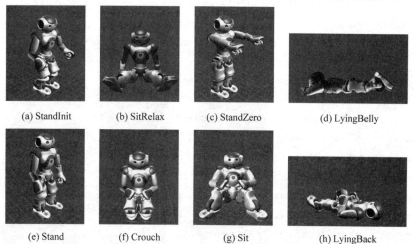

图 4.6　预定义姿势

NAO 的每一种姿势都对应了一组关节和惯性传感器的特定配置。例如，在 StandZero 姿势时，NAO 的所有电机控制关节角度都为 0（站立，双臂平举，手心向下）。ALRobotPosture 模块提供的方法如表 4.2 所示。

表 4.2 ALRobotPosture 主要方法

方法名	说明	调用方式
goToPosture(postureName, speed)	转到预定义姿势，postureName 为姿势名称，speed 为相对速度，取值 0.0～1.0	阻塞调用
getPosture()	返回当前姿势名称，如果当前姿势不是预定义姿势，返回 unknown	阻塞调用
getPostureList()	返回预定义姿势列表	阻塞调用
applyPosture(postureName, speed)	将机器人关节设置为预定义姿势对应的状态（没有 goToPosture 切换姿势时的中间动作），postureName 为姿势名称，speed 为相对速度	阻塞调用
stopMove()	停止当前动作	

机器人在执行 goToPosture() 方法从当前姿势转到目的姿势时，通常需要插入一些中间的动作。例如，从 Sit 转到 Stand，NAO 会借助手臂支地的撑力站起。applyPosture() 方法直接修改关节取值，变换到目的姿势时不插入辅助动作。

代码清单 4-1　姿势切换（本例在 PyCharm 环境调试）

```
import sys
from naoqi import ALProxy
def main(robotIP):
    try:
        postureProxy =ALProxy("ALRobotPosture", robotIP, 9559)
    except Exception, e:
        print "Could not create proxy to ALRobotPosture"
        print "Error was: ", e
    postureProxy.goToPosture("StandInit", 1.0)
    postureProxy.goToPosture("SitRelax", 1.0)
    postureProxy.goToPosture("StandZero", 1.0)
    postureProxy.goToPosture("LyingBelly", 1.0)
    postureProxy.goToPosture("LyingBack", 1.0)
    postureProxy.goToPosture("Stand", 1.0)
    postureProxy.goToPosture("Crouch", 1.0)
    postureProxy.goToPosture("Sit", 1.0)
    print postureProxy.getPostureFamily()
if __name__ =="__main__":
```

```
robotIp ="192.168.1.170"      #将"192.168.1.170"替换成所用机器人 IP
main(robotIp)
```

程序说明如下。

（1）使用 ALProxy 类创建 ALRobotPosture 模块代理对象 postureProxy，通过代理对象调用 goToPosture()方法，切换到不同姿势。

（2）__name__是内置变量，表示当前模块的名字。与 Python 类的构造方法类似，name 内置变量以两个下画线作开头和结尾。如果一个.py 文件（模块）被直接运行时，其__name__值为__main__，即模块名为__main__。所以，if __name__ == "__main__"的意思是：当.py 文件被直接运行时，if __name__ == '__main__'之下的代码块将被运行；当.py 文件以模块形式被导入时，if __name__ =='__main__'之下的代码块不被运行。

上述代码在计算机中编辑、运行，机器人会依次转到 StandInit、SitRelax、StandZero 等状态。

4.3 Motion

ALMotion 模块包括与机器人动作相关的方法（API），分为刚度控制、关节控制、运动控制等方面。

ALMotion 运行频率是 50Hz，即运动周期为 20ms。在 ALMotion 中，当调用 API 去执行一个动作时，要创建一个"运动任务"处理这个任务。每隔 20ms，这个"运动任务"将计算基本命令（电机角度和刚度变化）执行这个动作。"运动任务"可以在原线程中实现，也可以在新线程中实现，因此，ALMotion 的方法即有阻塞调用方法，也有非阻塞调用方法。

本节所列代码均运行在 Choregraphe 环境，如无特殊说明，每个示例都需要首先创建一个 Python 语言指令盒，将指令盒的 onStart 输入点与左侧输入边界的 onStart 输入点用流程线连接，示例代码为指令盒脚本。

4.3.1 刚度控制方法

NAO 使用刚度控制电机最大电流。电机的转矩（驱动力）与电流相关，设置关节的刚度相当于设置电机的转矩限制。

刚度为 0.0，关节位置不受电机控制，关节是自由的。

刚度为 1.0，关节使用最大转矩功率转到指定位置。

刚度为 0.0~1.0，关节电机的转矩介于 0 与最大值之间（如果关节移动到目标位置所需要的转矩高于刚度的限制，关节不会到达目标位置）。

刚度控制 API 可以设置一个或多个关节的刚度。关节名称如图 4.7 所示。

肢体名称可以表示属于肢体的一组关节。例如，LArm（左臂）可以表示属于左臂的

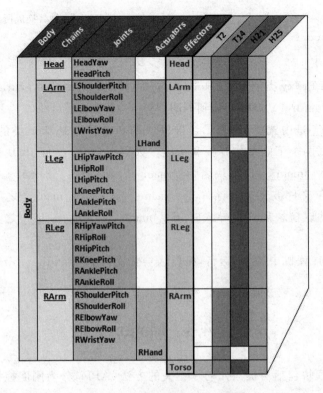

图 4.7 NAO 关节名称分类图

所有关节（LShoulderPitch、LShoulderRoll、LElbowYaw、LElbowRoll、LWristYaw）和执行器（LHand）。Body 包括全身所有关节和执行器。

ALMotion 模块提供的刚度控制方法如表 4.3 所示。

表 4.3 刚度控制主要方法

方 法 名	说 明	调用方式
wakeUp()	唤醒机器人：启动电机（H25 型机器人关节保持当前位置）	
robotIsWakeUp()	机器人为唤醒状态返回 True	
setStiffnesses(names, stiffnesses)	设置一个或多个关节刚度，names 为关节名或关节组名，stiffnesses 为刚度值，范围为[0,1.0]	非阻塞调用
rest()	转到休息姿势（H25 为 Crouch），关闭电机	
getStiffnesses(jointName)	获取关节或关节组刚度，返回值为一个或多个刚度值，1.0 表示最大刚度，0.0 表示最小刚度，jointName 为关节名或关节组名	
stiffnessInterpolation(names, stiffnessLists, timeLists)	将一个或多个关节按时间序列设置刚度序列值，names 为关节名或关节组名，stiffnessLists 为刚度列表，timeLists 为时间列表	阻塞调用

setStiffnesses()方法为非阻塞调用方法,可以使用延时方式确保使用刚度时语句已经执行完。

代码清单 4-2-1　刚度设置(一)

```
import time
class MyClass(GeneratedClass):
    def __init__(self):
        GeneratedClass.__init__(self)
        self.motion=ALProxy("ALMotion")
    def onLoad(self):
        pass
    def onUnload(self):
        pass
    def onInput_onStart(self):
        self.motion.wakeUp()
        jointName ="Body"
        stiffnesses =self.motion.getStiffnesses(jointName)
        self.logger.info(stiffnesses)
        self.motion.rest()
        stiffnesses =self.motion.getStiffnesses(jointName)
        self.logger.info(stiffnesses)
        names='Head'
        stiffness=0.5
        self.motion.setStiffnesses(names, stiffness)
        time.sleep(1.0)
        stiffnesses =self.motion.getStiffnesses(jointName)
        self.logger.info(stiffnesses)
        pass
    def onInput_onStop(self):
        self.onUnload()
        self.onStopped()
```

程序说明如下。

wakeUp()方法唤醒机器人后,各关节的刚度设置为1.0。

Body包括24个关节和手部执行器,如图4.7所示,getStiffnesses()方法获取到的Body的刚度包括26个元素的列表。

self.logger.info(stiffnesses)调用logger对象的info方法在日志中输出stiffnesse。

Head包括HeadYaw和HeadPitch两个关节,setStiffnesses()方法为非阻塞调用方法,对Head设置刚度语句开始后将继续执行后面的语句,经time.sleep(1.0)语句延迟1s后再执行后面的语句,保证了setStiffnesses()方法完成设置HeadYaw和HeadPitch关节刚度。

在日志查看器窗口中查看输出的结果如下。

```
[1.0, 1.0, 1.0, 1.0, 1.0, 1.0, 1.0, 1.0, 1.0, 1.0, 1.0, 1.0, 1.0, 1.0, 1.0, 1.0,
1.0, 1.0, 1.0, 1.0, 1.0, 1.0, 1.0, 1.0, 1.0, 1.0]
[0.0, 0.0, 0.0, 0.0, 0.0, 0.0, 0.0, 0.0, 0.0, 0.0, 0.0, 0.0, 0.0, 0.0, 0.0, 0.0,
0.0, 0.0, 0.0, 0.0, 0.0, 0.0, 0.0, 0.0, 0.0, 0.0]
[0.5, 0.5, 0.0, 0.0, 0.0, 0.0, 0.0, 0.0, 0.0, 0.0, 0.0, 0.0, 0.0, 0.0, 0.0, 0.0,
0.0, 0.0, 0.0, 0.0, 0.0, 0.0, 0.0, 0.0, 0.0, 0.0]
```

代码清单 4-2-2　刚度设置(二)

```
import time
class MyClass(GeneratedClass):
    def __init__(self):
        GeneratedClass.__init__(self)
        self.motion=ALProxy("ALMotion")
        self.posture=ALProxy("ALRobotPosture")
    def onLoad(self):
        pass
    def onUnload(self):
        pass
    def onInput_onStart(self):
        self.posture.goToPosture("Crouch",1.0)
        jointName="Head"
        names=['HeadYaw']
        stiffnessLists=[0.25, 0.5, 1.0, 0.0]
        timeLists=[1.0, 2.0, 3.0, 4.0]
        self.motion.post.stiffnessInterpolation(names, stiffnessLists, timeLists)
        for i in range(5):
            stiffnesses =self.motion.getStiffnesses(jointName)
            self.logger.info(stiffnesses)
            time.sleep(1.0)
        pass
    def onInput_onStop(self):
        self.onUnload()
        self.onStopped()
```

stiffnessInterpolation()方法执行时分别在 1.0s、2.0s、3.0s 和 4.0s 时将 HeadYaw 关节刚度设置为 0.25、0.5、1.0 和 0.0。stiffnessInterpolation()方法为阻塞调用方法,为了同时运行后面的获取刚度程序段,使用代理对象 motion 的 post 对象开启新线程并行执行刚度设置方法。

在日志查看器中查看运行输出结果为:

[1.0, 1.0] [0.25000011920928955, 1.0] [0.49999985098838806, 1.0]
[0.9874970316886902, 1.0] [0.0, 1.0]

从输出结果可以看出,在调用阻塞调用方法 goToPosture("Crouch",1.0)后,机器人关节刚度为 1.0,stiffnessInterpolation()方法设置的介于 1.0 和 0.0 之间的刚度值,与测量值略有误差。

4.3.2 关节控制方法

关节控制 API 用于精确控制机器人关节位置,这些 API 可以只控制一个关节,也可以同时控制多个关节。肢体通过关节从一个位置转到另一个位置,起始速度和终止速度为 0,因此,转动的角速度是非线性的。例如,头部转动时,随时间变化的关节位置和速度如图 4.8 所示。

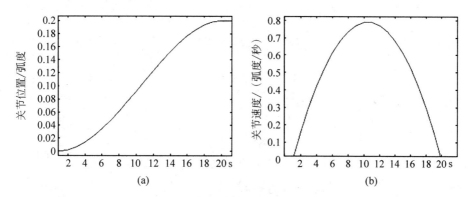

图 4.8 关节位置和转动速度随时间变化情况

关节控制通常要经历多个 ALMotion 周期(20ms)。为使关节平稳转动,每隔 20ms,API 需要重新计算电机电流和刚度变化。

控制关节或关节组有两种方式:

(1)插值方法,阻塞调用,类似于动画,在起始位置和终止位置间定时插入若干中间值。

(2)反应式方法,非阻塞调用,通常在反应控制中多次调用。例如在头部跟踪时,NAO 可能得到一组相互矛盾的命令序列(如前一个命令是头部左转,后一个命令是右转),调用反应式方法可以保证运动平滑且速度连续。

ALMotion 模块提供的关节控制方法如表 4.4 所示。

表 4.4 关节控制主要方法

方 法 名	说 明	调用方式
angleInterpolation(names, angleLists, timeLists, isAbsolute)	插值运动。names 是关节名称;angleLists 是角度、角度列表或二维角度列表,单位为弧度;timeLists 是为达到目标角度的时间、时间列表或二维时间列表;isAbsolute 为 True,代表绝对角度,为 False,代表相对角度	阻塞调用
angleInterpolationWithSpeed (names, targetAngles, maxSpeedFraction)	插值运动(带速度限制)。names 是关节名称;targetAngles 为弧度表示的角度或角度列表;maxSpeedFraction 为最大速度比	阻塞调用
angleInterpolationBezier (jointNames, times, controlPoints)	贝塞尔角度插值。jointNames 为关节名称列表,times 为时间列表,controlPoints 为控制点列表	阻塞调用

续表

方 法 名	说　　明	调用方式
setAngles(names,angles,maxSpeedFraction)	设置关节角度。names 是关节名称；angles 为一个或多个角度；maxSpeedFraction 为最大速度比	非阻塞调用
changeAngles(names,angles,maxSpeedFraction)	改变关节角度。names 是关节名称；angles 为一个或多个角度；maxSpeedFraction 为最大速度比	非阻塞调用
getAngles(names，useSensors)	获取关节角度。names 为关节名；useSensors 为 True 返回关节传感器角度，为 False 返回执行器角度	
closeHand(handName)	合上手掌。handName 取值：LHand,RHand	阻塞调用
openHand(handName)	张开手掌。handName 取值：LHand,RHand	阻塞调用

贝塞尔角度插值方法使用贝塞尔曲线(在起始点和终止点间绘制的平滑曲线)控制关节运动,使关节运动过程更平稳。

1. 控制关节

需要给出关节名称、以弧度为单位的目标角度和转到目标角度的速度。

代码清单 4-3　头部关节运动(头部左转 30°)

```python
import time
import almath
class MyClass(GeneratedClass):
    def __init__(self):
        GeneratedClass.__init__(self)
        self.motion=ALProxy("ALMotion")
    def onLoad(self):
        pass
    def onUnload(self):
        pass
    def onInput_onStart(self):
        self.motion.setStiffnesses("Head", 1.0)
        names = "HeadYaw"
        angles = 30.0 * almath.TO_RAD
        fractionMaxSpeed = 0.1     #HeadYaw joint at 10%max speed
        self.motion.setAngles(names,angles,fractionMaxSpeed)
        time.sleep(3.0)
        self.motion.setStiffnesses("Head", 0.0)
        pass
    def onInput_onStop(self):
        self.onUnload()
        self.onStopped()
```

almath 是 NAOqi 系统提供的数学函数库,almath.TO_RAD 为 1 度所对应的弧度数,在关节控制方法中,目标角度都以弧度为单位,本例及以后示例中,目标角度都用角度×1度对应弧度数形式表示。setAngles()方法为非阻塞调用方法,本例中转头动作后面的语句将头部刚度设置为0,因此调用setAngles()方法时需要使用延时。

2. 定时插值

如果关节运动的轨迹是已知的(如图4.8所示),angleInterpolation()和angleInterpolationWithSpeed()方法可以在每个ALMotion周期中重新计算执行器(电机)参数,控制关节运动速度,使机器人运动平稳。关节插值运动方法可以对一个关节或多个关节指定运动角度,也可以指定角度序列及完成这些动作的时间序列。

代码清单4-4　头部插值运动

```
import almath
import time
class MyClass(GeneratedClass):
    def __init__(self):
        GeneratedClass.__init__(self)
        self.motion=ALProxy("ALMotion")
    def onLoad(self):
        pass
    def onUnload(self):
        pass
    def onInput_onStart(self):
        self.motion.setStiffnesses("Head", 1.0)
        names = "HeadYaw"
        angleLists =50.0*almath.TO_RAD
        timeLists =1.0
        isAbsolute =True
        self.motion.angleInterpolation(names, angleLists, timeLists, isAbsolute)
        time.sleep(1.0)
        names= "HeadYaw"
        angleLists =[30.0*almath.TO_RAD, 0.0]
        timeLists =[1.0, 2.0]
        isAbsolute =True
        self.motion.angleInterpolation(names, angleLists, timeLists, isAbsolute)
        time.sleep(1.0)
        names =["HeadYaw", "HeadPitch"]
        angleLists =[30.0*almath.TO_RAD, 30.0*almath.TO_RAD]
        timeLists =[1.0, 1.2]
        isAbsolute =True
        self.motion.angleInterpolation(names, angleLists, timeLists, isAbsolute)
        names =["HeadYaw","HeadPitch"]
        angleLists=[[50.0*almath.TO_RAD, 0.0],[-30.0*almath.TO_RAD,
                    30.0*almath.TO_RAD, 0.0]]
```

```
            timeLists=[[1.0, 2.0], [ 1.0, 2.0, 3.0]]
            isAbsolute=True
            self.motion.angleInterpolation(names, angleLists, timeLists, isAbsolute)
            self.motion.setStiffnesses("Head", 0.0)
            pass
        def onInput_onStop(self):
            self.onUnload()
            self.onStopped()
```

angleInterpolation()方法为阻塞调用方法,在完成当前语句后,才执行下一条语句。程序执行结果为:

① 头部左转 50°,延时 1s;

② 右转 20°(绝对 30°),右转 30°(绝对 0°);

③ 左转 30°低头 30°(两个关节同时运动);

④ 左转 20°仰头 60°(绝对左转 50°,仰头 30°,两个关节同时运动),右转 50°低头 60°(绝对右转 0°,低头 30°,两个关节同时运动),仰头 30°(绝对 0°)。

3. 反应控制

setAngles()和 changeAngles()方法为非阻塞调用方法,经常用于关节反应式控制,在前一个调用未完成前,可以执行下一个调用。

代码清单 4-5　反应控制

```
import time
class MyClass(GeneratedClass):
    def __init__(self):
        GeneratedClass.__init__(self)
        self.motion=ALProxy("ALMotion")
    def onLoad(self):
        pass
    def onUnload(self):
        pass
    def onInput_onStart(self):
        self.motion.setStiffnesses("Head", 1.0)
        names = "HeadYaw"
        angles =0.3
        fractionMaxSpeed =0.1
        self.motion.setAngles(names,angles,fractionMaxSpeed)
        time.sleep(0.5) #wait half a second
        angles =0.0 #change target
        self.motion.setAngles(names,angles,fractionMaxSpeed)
        time.sleep(0.5) #wait half a second
        angles =0.1 #change target
        self.motion.setAngles(names,angles,fractionMaxSpeed)
```

```
        time.sleep(3.0)
        self.motion.setStiffnesses("Head", 0.0)
        pass
    def onInput_onStop(self):
        self.onUnload()
        self.onStopped()
```

4. 读关节角度

关节控制是通过调用 API 方法，将关节控制命令发送给相应的执行器（电机）完成的。命令执行完成后，关节角度应该与发给执行器的命令相一致（实际的机械结构执行过程中可能存在微小误差）。NAO 在每个关节上安装了位置传感器测量关节角度。getAngles()方法既可以读取执行器角度，也可以读取传感器角度。

代码清单 4-6　获取关节角度

```
import time
class MyClass(GeneratedClass):
    def __init__(self):
        GeneratedClass.__init__(self)
        self.motion=ALProxy("ALMotion")
    def onLoad(self):
        pass
    def onUnload(self):
        pass
    def onInput_onStart(self):
        self.motion.setStiffnesses("Head", 1.0)
        names = "HeadYaw"
        angles = 0.3
        fractionMaxSpeed = 0.8
        self.motion.setAngles(names, angles, fractionMaxSpeed)
        time.sleep(1.5)
        names = "Head"                          #包括 HeadYaw 和 HeadPitch
        useSensors = False
        commandAngles = self.motion.getAngles(names, useSensors)    #读取执行器角度
        self.logger.info("Command angles:")
        self.logger.info(str(commandAngles))
        useSensors=True
        sensorAngles = self.motion.getAngles(names, useSensors)    #读取传感器角度
        self.logger.info("Sensor angles:")
        self.logger.info(str(sensorAngles))
        errors = []
        for i in range(0, len(commandAngles)):
            errors.append(commandAngles[i]-sensorAngles[i])
        self.logger.info("Errors")
```

```
        self.logger.info(errors)
        pass
    def onInput_onStop(self):
        self.onUnload()
        self.onStopped()
```

程序运行后输出结果:

```
Command angles:
[0.30000001192092896, -0.17000000178813934]
Sensor angles:
[0.31136012077331543, -0.15190792083740234]
Errors
[-0.011360108852386475, -0.018092080950737]
```

输出结果中的误差是执行器角度与传感器角度的差异值,误差值大小与所用机器人的当前关节有关,每次运行结果会略有差异,可以运行多次取平均。如果将 getAngles() 方法中的关节名称改为 Body,则可以获得全部关节的执行器与传感器之间的差异值。

5. 关节运动与身体平衡

当关节运动时,机器人的重心会发生变化,严重时机器人会摔倒。为保持身体平衡,不仅需要同时改变多个关节的角度,通常还需要同时调节关节运动速度。例如,改变髋关节角度,即做弯腰动作时,身体前倾,重心前移,机器人很容易摔倒。如果同时改变踝关节角度,使踝关节后仰,如图 4.9(c)所示,弯腰角度在一定范围内时,可以保持重心不变。

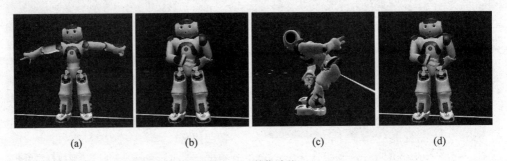

图 4.9 谢幕动作

代码清单 4-7　弯腰谢幕动作

```
import almath
import time
class MyClass(GeneratedClass):
    def __init__(self):
        GeneratedClass.__init__(self)
        self.motion=ALProxy("ALMotion")
        self.posture=ALProxy("ALRobotPosture")
```

```python
def onLoad(self):
    pass
def onUnload(self):
    pass
def onInput_onStart(self):
    self.posture.goToPosture("Stand",1.0)
    names="Body"
    stiffness=0.5
    self.motion.setStiffnesses(names, stiffness)
    jointnames=["LHand","RHand","LWristYaw","RWristYaw","LElbowYaw",
                "RElbowYaw", "LElbowRoll","RElbowRoll","LShoulderPitch",
                "RShoulderPitch","LShoulderRoll","RShoulderRoll"]
    angels=[1.0*almath.TO_RAD,75*almath.TO_RAD,5.6*almath.TO_RAD,
            5.6*almath.TO_RAD,-67.8*almath.TO_RAD,67.8*almath.TO_RAD,
            -2.5*almath.TO_RAD,2.5*almath.TO_RAD,84.6*almath.TO_RAD,
            84.6*almath.TO_RAD,76*almath.TO_RAD,-76*almath.TO_RAD]
    times=3.0
    self.motion.angleInterpolation(jointnames,angels, times, True)
                                                      #图 4.9(a)
    time.sleep(2)
    self.motion.angleInterpolation("LShoulderPitch", 119.5*almath.TO_RAD,
         1.0, True)
    jointnames=["LHand","RHand","LWristYaw","RWristYaw","LElbowYaw",
                "RElbowYaw", "LElbowRoll","RElbowRoll","RShoulderPitch",
                "LShoulderRoll","RShoulderRoll"]
    angels=[75*almath.TO_RAD,75*almath.TO_RAD,42.4*almath.TO_RAD,
            5.6*almath.TO_RAD, 19.2*almath.TO_RAD,26.3*almath.TO_RAD,
            -59.8*almath.TO_RAD,52.6*almath.TO_RAD, 58.1*almath.
            TO_RAD,1.3*almath.TO_RAD,12.4*almath.TO_RAD,]
    self.motion.angleInterpolation(jointnames,angels, times, True)
                                                      #图 4.9(b)
    time.sleep(3)
    jointnames=["LKneePitch","RKneePitch","LAnklePitch","RAnklePitch",
                "LHipPitch","RHipPitch"]
    angels=[-1.0*almath.TO_RAD,-1.0*almath.TO_RAD,30.0*almath.TO_RAD,
            30.0*almath.TO_RAD, -80.0*almath.TO_RAD,-80.0*almath.TO_RAD]
    self.motion.angleInterpolation(jointnames, angels, times, True)
                                                      #图 4.9(c)
    time.sleep(2)
    jointnames=["LKneePitch","RKneePitch","LAnklePitch","RAnklePitch",
                "LHipPitch","RHipPitch"]
    angels=[-4.7*almath.TO_RAD,-4.7*almath.TO_RAD,5.2*almath.TO_RAD,
            5.2*almath.TO_RAD,7.4*almath.TO_RAD,7.4*almath.TO_RAD]
    self.motion.angleInterpolation(jointnames,angels, times, True)
                                                      #图 4.9(d)
    self.onStopped() #activate the output of the box
```

```
        pass
    def onInput_onStop(self):
        self.onUnload() #it is recommended to reuse the clean-up as the box is stopped
        self.onStopped() #activate the output of the box def onInput_onStop(self):
```

4.3.3 运动控制方法

运动控制 API 用于机器人的行走控制,包括指定位置、速度、目标等行走方式。

NAO 的行走控制使用"线性倒立摆"模型,在每一个 ALMotion 周期中采集来自传感器的实际关节位置信号,与位移(即位置)和身体的倾斜角度等期望值进行比较后,利用控制算法计算出控制量,驱动电机实现对关节的实时控制。行走控制的目标是尽快达到一个平衡位置,并且没有大的振荡和过大的角度和速度,当到达期望的位置后,NAO 能够克服随机扰动而保持稳定的位置。

每步包括双腿支撑和单腿支撑两个阶段,其中,双腿支撑时间占三分之一。行走初始阶段和结束阶段双腿支撑时间为 0.6s。脚运动轨迹是一条平滑曲线,如图 4.10 所示。

图中的平滑曲线,是在笛卡儿空间(包括 X,Y,Z 轴)中,利用初始速度和关键点,使用 SE3 插值方法计算出来的。脚部沿该曲线运动既符合速度限制又能够保持平稳。

运动位置使用 Pose2D 类定义(属于 ALMath 库)。如图 4.11 所示,在描述左脚位置时,以右脚为参照点,pX 和 pY 分别为左脚在 X 和 Y 方向上与参考点之间的距离,pTheta 为绕 Z 轴旋转角度,即左转或右转的角度。

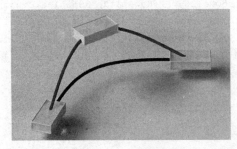

图 4.10 脚轨迹

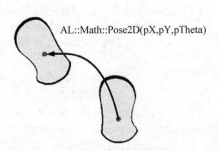

图 4.11 位置定义

不管做哪种行走控制,都需要使用步态规划,指定步长、步频、最大高度等参数。步态参数可以取系统默认值,也可以通过 setFootSteps() 或 setFootStepsWithSpeed() 方法指定(为避免参数冲突或肢体碰撞,内建的规划器会对指定的参数做出修正)。步态参数如表 4.5 所示。

表 4.5 步态参数

名 称	含 义	缺省	最小	最大	可修改
MaxStepX	沿 X 方向的最大向前平移(m)	0.040	0.001	0.080	是
MinStepX	沿 X 方向的最大向后平移(m)	−0.040			否
MaxStepY	沿 Y 方向的最大平移绝对值(m)	0.140	0.101	0.160	是

续表

名称	含义	缺省	最小	最大	可修改
MaxStepTheta	沿 Z 轴旋转角度最大绝对值(°)	0.349	0.001	0.524	是
MaxStepFrequency	最大步频	1.0	0.0	1.0	是
MinStepPeriod	最小步周期	0.42			否
MaxStepPeriod	最大步周期	0.6			否
StepHeight	Z 轴方向抬脚最大高度(m)	0.020	0.005	0.040	是
TorsoWx	躯干与 X 轴间最大角度(°)	0.000	−0.122	0.122	是
TorsoWy	躯干与 Y 轴间最大角度(°)	0.000	−0.122	0.122	是
FootSeparation	Y 方向两脚之间距离(m)	0.1			否
MinFootSeparation	Y 方向两脚之间最小距离(m)	0.088			否

部分步态参数如图 4.12 所示。

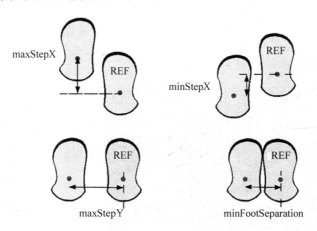

图 4.12 步态参数

NAO 行走控制主要包括以下 3 种方式。

1. moveTo

moveTo()方法使机器人在平面上移动到指定位置,阻塞调用方法。moveTo()方法包括以下 4 种形式。

(1) moveTo(x,y,theta),移动到指定位置。其中 x 为 X 轴方向距离(m),y 为 Y 轴方向距离(m),theta 为以弧度表示的绕 Z 轴旋转的角度(取值范围为[−3.14159,3.14159])。

代码清单 4-8 moveTo 方法(移动终点:前 0.2m,左 0.2m,逆时针/左转 90°)

```
import math
class MyClass(GeneratedClass):
```

```
    def __init__(self):
        GeneratedClass.__init__(self)
        self.posture=ALProxy("ALRobotPosture")
        self.motion=ALProxy("ALMotion")
    def onLoad(self):
        pass
    def onUnload(self):
        pass
    def onInput_onStart(self):
        self.motion.wakeUp()
        self.posture.goToPosture("StandInit", 1.0)
        x=0.2
        y=0.2
        theta=math.pi/2              #绕 Z 轴转正 90°,即左转 90°
        self.motion.moveTo(x, y, theta)
        pass
    def onInput_onStop(self):
        self.onUnload()
        self.onStopped()
```

程序运行结果如图 4.13 所示。

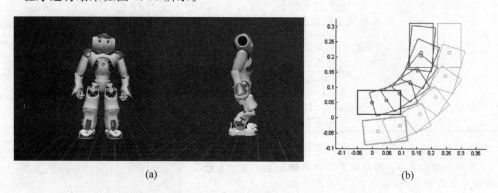

图 4.13 移动终点坐标：x=0.2,y=0.2,theta 为 90°

(2) moveTo(x,y,theta,moveConfig),按给定的步态参数移动到指定位置。其中 x 为 X 轴方向距离(m),y 为 Y 轴方向距离(m),theta 为以弧度表示的绕 Z 轴旋转的角度（取值范围为[−3.14159,3.14159]),moveConfig 为自定义步态参数列表。moveTo()方法只接受以键值对形式表示的步态参数列表,参数对左脚和右脚都有效。

代码清单 4-9 moveTo()方法（修改步态参数）

```
import math
import time
class MyClass(GeneratedClass):
    def __init__(self):
        GeneratedClass.__init__(self)
```

```
            self.posture=ALProxy("ALRobotPosture")
            self.motion=ALProxy("ALMotion")
        def onLoad(self):
            pass
        def onUnload(self):
            pass
        def onInput_onStart(self):
            self.motion.wakeUp()
            self.posture.goToPosture("StandInit", 1.0)
            x=0.2
            y=0.2
            theta=math.pi/2
            tstart=time.time()
            self.motion.moveTo(x, y, theta,[["MaxStepFrequency",1.0],
                ["MaxStepX",0.06]])
            tend=time.time()
            self.logger.info(tend-tstart)
            pass
        def onInput_onStop(self):
            self.onUnload()
            self.onStopped()
```

程序中只设置了最大步频和最大 x 方向位移两个参数，其他参数取默认值。为了与前例做对比，分别在 moveTo()方法执行前和执行后取系统时间，在日志中输出 moveTo()方法执行时间。按同样方法修改代码清单 4-8，代码清单 4-8 和代码清单 4-9 在日志查看器中输出结果分别为：

5.50699996948
5.08500003815

（3）moveTo(controlPoints)，沿控制点移动到指定位置，其中 controlPoints 为控制点列表，每个列表项是一个位置，列表格式为：[[x1, y1, theta1], …, [xN, yN, thetaN]]。

（4）moveTo(controlPoints, moveConfig)，按给定的步态参数，沿控制点移动到指定位置。其中 controlPoints 为控制点列表，moveConfig 为自定义步态参数列表。

2. move

move()方法使机器人按指定速度行走，非阻塞调用方法。move()方法包括以下两种形式。

（1）move(x,y,theta)，按指定速度行走。其中 x 为 X 方向速度(m/s)，负数表示向后运动；y 为 Y 方向速度(m/s)，正数表示向左；theta 为绕 Z 轴旋转角速度(rad/s)，负数表示顺时针旋转。

代码清单 4-10　move()方法(原地转圈)

```python
import math
import time
class MyClass(GeneratedClass):
    def __init__(self):
        GeneratedClass.__init__(self)
        self.posture=ALProxy("ALRobotPosture")
        self.motion=ALProxy("ALMotion")
    def onLoad(self):
        pass
    def onUnload(self):
        pass
    def onInput_onStart(self):
        self.motion.wakeUp()
        self.posture.goToPosture("StandInit", 1.0)
        x=0.02
        y=0.02
        theta=math.pi/16
        self.motion.move(x, y, theta)
        time.sleep(33.2)          #32s+起始阶段 0.6s+终止阶段 0.6s
        self.motion.stopMove()
        pass
    def onInput_onStop(self):
        self.onUnload()
        self.onStopped()
```

　　move()方法为非阻塞调用方法,需要使用 time.sleep()语句延时。延时时间除了转动 360°所需时间外,还应该包括机器人行走过程的初始化阶段和终止阶段所需时间。延时结束后,使用 stopMove()方法停止运动。

　　几种常见的运动方式的参数设置如下。

　　前进:x>0,y=0,theta=0;

　　后退:x<0,y=0,theta=0;

　　左移:x=0,y>0,theta=0;

　　右移:x=0,y<0,theta=0。

　　(2) move(x,y,theta,moveConfig),按给定的步态参数和指定速度行走。其中 x 为 X 方向速度(m/s),负数表示向后运动;y 为 Y 方向速度(m/s),正数表示向左;theta 为绕 Z 轴旋转角速度(rad/s),负数表示顺时针旋转;moveConfig 为自定义步态参数列表,可以分别设置左脚和右脚的步态参数。

3. moveToward

　　moveToward()方法使机器人按指定速度行走,非阻塞调用方法。moveToward()方法包括以下两种形式。

(1) moveToward(x,y,theta)，按指定速度行走。其中 x 为 X 方向速度，取值范围为 $[-1,1]$，其中 1 表示向前最大速度，-1 表示向后最大速度；y 为 Y 方向速度，取值范围为 $[-1,1]$，其中 1 表示向左最大速度，-1 表示向右最大速度；theta 为绕 Z 轴旋转速度，取值范围为 $[-1,1]$，其中 1 表示逆时针最大转速，-1 表示顺时针最大转速。

(2) moveToward(x,y,theta,moveConfig)，按给定的步态参数、指定速度行走。其中 x,y,theta 含义与(1)相同；moveConfig 为自定义步态参数列表，可以分别设置左脚和右脚的步态参数。

代码清单 4-11　moveToward()方法

```
import math
import time
class MyClass(GeneratedClass):
    def __init__(self):
        GeneratedClass.__init__(self)
        self.posture=ALProxy("ALRobotPosture")
        self.motion=ALProxy("ALMotion")
    def onLoad(self):
        pass
    def onUnload(self):
        pass
    def onInput_onStart(self):
        self.motion.wakeUp()
        self.posture.goToPosture("StandInit", 1.0)
        x=1.0
        y=0.0
        theta =0.0
        frequency =1.0
        self.motion.moveToward(x, y, theta, [["Frequency", frequency]])
        time.sleep(3)         #以最快速度向前走 3s
        x=0.5
        theta=0.6
        self.motion.moveToward(x, y, theta, [["Frequency", frequency]])
        time.sleep(3)         #左转前行 3s
        frequency =0.5
        self.motion.moveToward(x, y, theta, [["Frequency", frequency]])
        time.sleep(3)         #降低步频,左转前行 3s
        self.motion.stopMove()
        self.motion.rest()    #进入休息状态
        pass
    def onInput_onStop(self):
        self.onUnload()
        self.onStopped()
```

ALMotion 模块提供的部分运动控制方法如表 4.6 所示。

表 4.6 运动控制部分方法

方 法 名	说 明	调用方式
setFootSteps(legName, footSteps, timeList, clearExisting)	设定机器人步态。legName 为机器人腿名（包括 LLeg 和 RLeg）；footSteps 格式为 [x, y, theta]，x,y 为左腿或右腿迈出一步后，两脚之间在 X 方向和 Y 方向的距离 (m)，theta 为绕 Z 轴旋转角度（弧度），必须小于 [MaxStepX, MaxStepY, MaxStepTheta]]；timeList 每步所用时间列表；clearExisting 取 True 清除已有参数	非阻塞调用
setFootStepsWithSpeed (legName, footSteps, fractionMaxSpeed, clearExisting)	设定机器人可控制速度的步态。fractionMaxSpeed 设定每步的速度，取值范围为 [0,1]；其他参数同 setFootSteps	阻塞调用
getFootSteps()	获取实际的步态矢量，返回值为列表	非阻塞调用
moveInit()	初始化运动进程	阻塞调用
moveIsActive()	运动时返回 True	阻塞调用
waitUntilMoveIsFinished()	等待，直到行走任务完成。用于阻塞程序向下运行直到行走任务结束	阻塞调用
getMoveConfig(config)	获取步态参数，config 取"Max"、"Min"或"Default"，返回值为步态参数列表	阻塞调用
getRobotPosition(useSensors)	获取机器人位置。useSensors 为 True，返回 MRE 传感器测量值，返回值为 [x,y,theta]	阻塞调用
getRobotVelocity()	获取机器人速度。返回值为 X 方向速度 (m/s)、Y 方向速度 (m/s) 和绕 Z 轴旋转速度 (rad/s)	阻塞调用
setMoveArmsEnabled (leftArmEnable, rightArmEnable)	设置运动过程中手臂是否可动。leftArmEnable 和 rightArmEnable 取 True 时可动，取 False 时不可动	阻塞调用
getMoveArmsEnabled (chainName)	获取运动过程中手臂是否可动，返回值为 True 或 False。chainName 取 "LArm" "RArm"或"Arms"	阻塞调用

就运动控制的几个关键问题说明如下。

（1）初始化问题。

在 NAO 启动行走进程前，首先要检查各关节是不是处于行走起始位置，双脚是否都平放在地面上。如果不是这种情况，NAO 首先要执行初始化过程，初始化持续时间取决于当前实际配置。

在 NAO 行走之前调用 moveInit() 方法执行初始化，可以确保在行走之前不用花费不确定的时间。

（2）同步问题。

行走到指定位置的 moveTo() 方法为阻塞调用方法，使用 ALMotion 代理对象的 post 对象调用 moveTo() 方法，将创建新线程以非阻塞方式调用。moveTo() 方法执行完成后，与原线程的同步可以使用如下两种方法。

① waitUntilMoveIsFinished：

```
self.motion.post.moveTo(1.0, 0.0, 0.0)
self.motion.waitUntilMoveIsFinished()
```

② moveIsActive：

```
self.motion.post.moveTo(1.0, 0.0, 0.0)
while self.motion.moveIsActive():
    time.sleep(1)
```

(3) 步态控制问题。

通过步态规划可以独立地控制 NAO 行走的每一步，这样就可以实现舞蹈类的动作，每一步都有精确的位置。实现步态规划有如下两种方式。

① setFootSteps：非阻塞调用，setFootSteps()方法设置每一步发生的时间。

代码清单 4-12　setFootSteps()方法(左脚向左前一步，0.3 弧度；左脚、右脚分别向左前一步，0.3 弧度)

```
class MyClass(GeneratedClass):
    def __init__(self):
        GeneratedClass.__init__(self)
        self.motion=ALProxy("ALMotion")
        self.posture=ALProxy("ALRobotPosture")
    def onLoad(self):
        pass
    def onUnload(self):
        pass
    def onInput_onStart(self):
        self.posture.goToPosture("StandInit", 0.5)
        legName=["LLeg"]
        X=0.2
        Y =0.1
        Theta=0.3
        footSteps =[[X, Y, Theta]]
        timeList =[0.6]
        clearExisting =False
        self.motion.setFootSteps(legName, footSteps, timeList, clearExisting)
        time.sleep(1.0)
        legName =["LLeg", "RLeg"]
        X =0.2
        Y=0.1
        Theta =0.3
        footSteps =[[X, Y, Theta], [X, -Y, Theta]]
        timeList =[0.6, 1.2]
```

```
            clearExisting = False
            self.motion.setFootSteps(legName, footSteps, timeList, clearExisting)
            pass
        def onInput_onStop(self):
            self.onUnload()
            self.onStopped()
```

② setFootStepsWithSpeed：阻塞调用，setFootStepsWithSpeed()方法使用标准化的步态速度。

代码清单 4-13   setFootStepsWithSpeed()方法

```
class MyClass(GeneratedClass):
    def __init__(self):
        GeneratedClass.__init__(self)
        self.motion=ALProxy("ALMotion")
        self.posture=ALProxy("ALRobotPosture")
    def onLoad(self):
        pass
    def onUnload(self):
        pass
    def onInput_onStart(self):
        self.motion.wakeUp()
        self.posture.goToPosture("StandInit", 0.5)
        footStepsList = []
        footStepsList.append([["LLeg"], [[0.06, 0.1, 0.0]]])
        footStepsList.append([["LLeg"], [[0.00, 0.16, 0.0]]])
        footStepsList.append([["RLeg"], [[0.00, -0.1, 0.0]]])
        footStepsList.append([["LLeg"], [[0.00, 0.16, 0.0]]])
        footStepsList.append([["RLeg"], [[-0.04, -0.1, 0.0]]])
        footStepsList.append([["RLeg"], [[0.00, -0.16, 0.0]]])
        footStepsList.append([["LLeg"], [[0.00, 0.1, 0.0]]])
        footStepsList.append([["RLeg"], [[0.00, -0.16, 0.0]]])
        stepFrequency = 0.8
        clearExisting = False
        nbStepDance = 2 # defined the number of cycle to make
        for j in range( nbStepDance ):
            for i in range( len(footStepsList) ):
                self.motion.setFootStepsWithSpeed(
                    footStepsList[i][0],
                    footStepsList[i][1],
                    [stepFrequency],
                    clearExisting)
        self.motion.waitUntilMoveIsFinished()
        self.motion.rest()
```

```
        pass
    def onInput_onStop(self):
        self.onUnload()
        self.onStopped()
```

4.4 时间轴指令盒

时间轴(Timeline)指令盒用于编辑动作,指令盒中包含一个时间轴,在这个时间轴上可以储存关节值及关键帧,编写和录制各种动作。使用时间轴指令盒,不需要编程,就可以实现复杂的舞蹈动作。

4.4.1 时间轴

1. 创建时间轴指令盒

创建时间轴指令盒有以下两种方法:
(1) 在指令盒库中选择 Standard→Templates→Timeline 指令盒,将其拖曳到流程图工作区中。
(2) 在流程图工作区中右击,选择"创建一个新的指令盒"→"时间轴",在指令盒编辑窗口中输入名称,单击"确定"按钮,创建指令盒。

2. 时间轴构成

双击时间轴指令盒,进入时间轴指令盒编辑状态,如图 4.14 所示,可以看到有"动作"和"行为层"两层可以编辑。
(1) 动作层。也叫时间轴层,录制动作的时间轴就位于该层。时间轴由一组带编号的帧组成。每帧对应机器人的一个姿势。
启动时间轴时,时间光标位于"开始"帧(由绿色的"开始标记"标识)上。然后它会以固定的时间间隔运行到下一帧,直到到达结束帧(由红色的"结束标记"标识)。从一帧移动到另一帧的速度由时间轴的帧速率定义,时间轴属性默认设置为每秒播放 25 帧。
动作层控制面板包含如下按钮。
时间轴编辑器,启动时间轴编辑。
时间轴属性,设置时间轴属性,如帧率设置。
播放,启动时间轴预览模式。
单步播放,启动时间轴单步预览模式。
(2) 行为层。在"行为层"中,单击⊕按钮可创建 behavior_layer1、behavior_layer2 等多个行为层,每层中都可以添加如 LEDs 等其他指令盒,并可在时间轴中统一规划各指令盒的执行次序,配合时间轴中的动作让机器人的动作更有活力和吸引力。

4.4.2 帧

帧是时间轴的基本单位,每帧对应动作层上存储的关节值和行为层上关键帧存储的

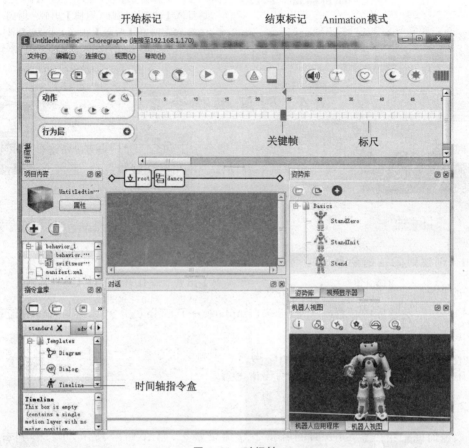

图 4.14 时间轴

流程图。在启动时间轴后,当时间光标到达一帧时,存储到此帧的关节值将应用于机器人,同时加载放置在此帧上的每个 Behavior 关键帧的流程图(如果它们尚未加载)。

1. 几种特殊的帧

开始帧:开始帧是运行时间轴的第一帧。启动时间轴时,时间光标直接放在此帧上。开始帧之前即使有其他帧,时间光标也无法到达。

结束帧:结束帧是运行时间轴的最后一帧。一旦时间光标到达此帧,将停止移动。结束帧之后即使有其他帧,时间光标也无法到达。如果时间轴指令盒包含 onStopped 输出端,时间光标到达结束帧后将启动脚本中的 onStopped()方法。

默认情况下,开始帧设置为第一个帧,结束帧设置在定义的最后一个动作帧之前。

右击帧编号,在弹出菜单中选择"在此处设置开始帧"或"在此处设置结束帧"命令,可以修改开始帧和结束帧位置。另外,拖动开始标记和结束标记,也可以修改开始帧和结束帧位置。

动作关键帧:动作层中的每个动作关键帧对应机器人的一个姿势,关键帧存储关节角度。当时间光标运行到关键帧时,机器人应用这些关节角度值产生相应的动作。两个关键帧之间的其他帧不需要编辑,运行时根据关键帧存储数据自动计算后插入,如图 4.15 所示。

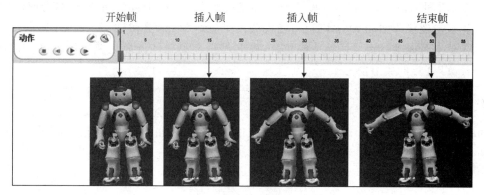

图 4.15 关键帧与插入帧

2. 关键帧编辑

(1) 插入关键帧。

在时间轴标尺上插入帧位置右击,在弹出菜单中选择"在关键帧中存储关节"命令,在"全身""头部""手臂"和"腿部"中选择一项,插入位置出现关键帧标记(深灰色矩形框)。插入的关键帧存储当前机器人关节角度值。

插入关键帧支持快捷键操作,在时间轴标尺上单击插入位置,按 F8、F9、F10、F11 键,即可完成插入关键帧。其中,F8、F9、F10、F11 分别对应存储全身、头部、手臂和脚部的关节值。

(2) 选择、删除、移动关键帧。

选择关键帧:单击关键帧的灰色矩形框,选中的关键帧矩形框颜色变为橙色。

选择帧:在帧编号区域选择起始位置按住左键,向右拖动到终止位置松开左键。

选择关键帧,按 Del 键,或者右击,在弹出菜单中选择"删除关键帧"命令。

选择关键帧,拖曳到目的位置,完成移动。

(3) 翻转。

机器人的左右关节值互换,称为翻转。选择关键帧,右击,在弹出菜单中选择"翻转"→"选定关键帧"。翻转的操作对象还可以是"全部时间轴"和"选定帧"。

(4) 镜像。

机器人的左侧关节值可以通过镜像操作复制到右侧关节。操作方法与翻转类似。

(5) 关键帧关节数据导出。

选择关键帧,右击,在弹出菜单中选择"导出动作至剪贴板"→Python→"简化的",实现此关键帧动作的 Python 程序将被复制到剪贴板,这些代码可以"粘贴"到其他编辑器。

(6) 关键帧关节编辑。

在机器人视图窗口中单击要编辑的肢体,在打开的动作编辑窗口中修改关节值。全部关节值修改完成后,在时间轴标尺上插入关键帧,存储关节值。

例 4.1 抬臂（本例使用虚拟机器人）。

① 在流程图工作区中添加时间轴指令盒，在流程图工作区左侧输入边界的 onStart 输入点与时间轴指令盒 onStart 输入点间连接流程线。双击时间轴指令盒，打开时间轴。

② 双击姿势库中的 Stand 姿势，使机器人变换到 Stand 姿势。

③ 单击时间轴标尺中的第 1 帧位置，按 F8 键，在第 1 帧处插入关键帧，存储当前机器人 Stand 姿势的关节值。

④ 单击时间轴标尺中的第 50 帧位置，按 F8 键，在第 50 帧处插入关键帧。

⑤ 在机器人视图中，单击右臂，打开动作窗口。选择复选框"镜像"，使修改右臂关节值同时应用于左臂关节。修改 RShoulderRoll 为 $-70.0°$，如图 4.16 所示。选择第 50 帧处的关键帧，按 F8 键，在关键帧中存储全身关节值。

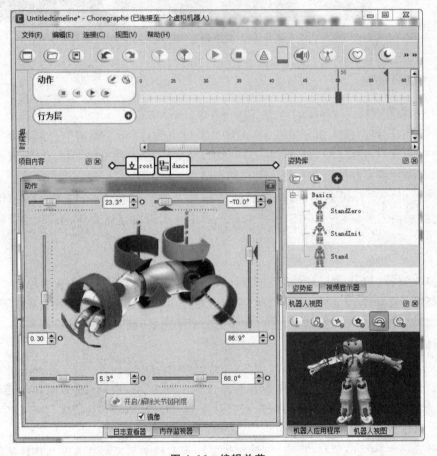

图 4.16 编辑关节

⑥ 选择第 1 帧关键帧，将其复制到 100 帧处。设置第 1 帧为开始帧，第 100 帧为结束帧。

⑦ 单击动作区中的预览按钮。启动时间轴动作进行预览。

程序运行结果：机器人双臂从体侧缓缓上举，2s 后，再从体侧放下双臂。

将第二个关键帧移动到第 30 帧处，第三个关键帧移到第 60 帧处，将第 60 帧设为结束帧，重新预览，可以看到动作时间缩短了。

4.4.3 时间轴编辑器

使用时间轴编辑器可以编辑动作层,编辑器包括了两种视图:Worksheet 视图,显示动作关键帧的详细情况;曲线视图,可以修改动作关键帧之间的插值。

1. Worksheet 视图

Worksheet 视图模式显示时间轴标尺上的详细信息,包括关键帧、关键帧中每个关节执行器值、开始标识、结束标识等信息。在视图中单击某个帧,机器人能够做相应预览。例 4.1 的 Worksheet 视图如图 4.17 所示。

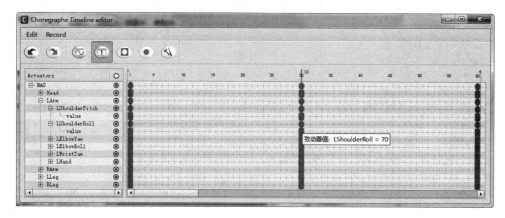

图 4.17　Worksheet 视图

所有在时间轴标尺上的帧操作,在 Worksheet 视图中都可以使用同样步骤操作。

2. 曲线视图

单击工具栏中的"曲线"按钮,可以切换到曲线模式。

曲线视图能够显示表示所选关节角度随时间变化的曲线。图 4.18 所示为 LShoulderRoll 角度变化曲线,横轴为帧编号(帧率为 25 帧/秒),纵轴为角度。

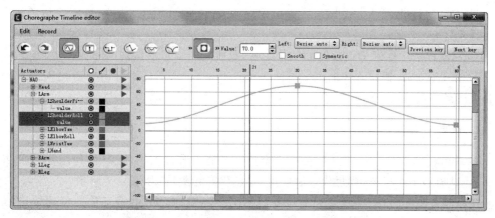

图 4.18　曲线视图中 LShoulderRoll 角度变化曲线

在曲线视图中,可以对选中的关节作如下操作:插入关键帧、删除关键帧、修改插值模型(常数、线性、自动贝塞尔曲线、手工调节贝塞尔曲线、平滑、对称)、调节插值位置及角度等操作。

在曲线视图左侧选择 LShoulderRoll 关节,分别在第 10 帧和第 50 帧曲线处右击,在弹出菜单中选择"插入关键帧"命令,调节插入点角度值,如图 4.19 所示。与未修改曲线的右肩相比,左肩在前 10 帧和后 10 帧角度改变速度稍慢。

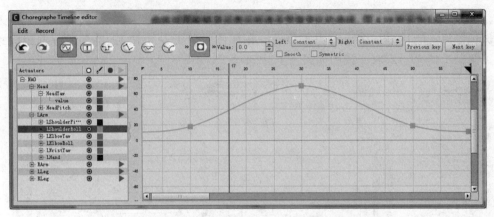

图 4.19 新增两个关键帧 LShoulderRoll 角度变化曲线

4.4.4 Animation 模式

Animation 模式,也称为动态模拟模式,与时间轴编辑器一起可以很容易地录制动作。在 Animation 模式下,可以控制机器人的头、臂、腿部关节刚度,在刚度为 0 时,将机器人摆成各种姿势,再在时间轴中作为关键帧存储姿势。

1. 启动 Animation 模式

Animation 模式只能用于实体机器人,机器人需要处于非自主生活模式,关节有刚度状态。

① 连接实体机器人,单击工具栏上的 ● 按钮关闭自主生活,单击 ● 按钮唤醒机器人。

② 在流程图工作区中创建时间轴指令盒,双击时间轴指令盒,打开时间轴。

③ 在工具栏中单击 Animation 图标 ,当 Animation 图标由绿色变为红色时,表明机器人已经进入 Animation 模式。

2. 录制姿势

在 Animation 模式下,使用触摸传感器控制机器人肢体关节刚度,使用眼部 LED 和脚部 LED 指示刚度状态,黄色代表有刚度,绿色代表无刚度,如表 4.7 所示。

在肢体无刚度时,手动修改关节位置,摆好姿势后,在时间轴特定位置创建关键帧,存储关节值。

表 4.7 Animation 模式下触摸传感器命令

触摸传感器名	控制内容	操作方式	LED 显示
头部中间	头部	触摸，开/关刚度	两个眼部(8LED)最上面 LED 绿色
手部	左臂、右臂	保持触摸状态(握)时刚度为 0	眼部(8LED)另外 7 个 LED 绿色
脚部缓冲器	左腿、右腿	按压，开/关刚度	脚部 LED 绿色
头部	关闭 Animation	长按头部三个传感器 3s	眼部、脚部 LED 白色

例 4.2 挥手动作

① 启动 Animation 模式。连接机器人，关闭自主生活模式，唤醒机器人，单击 Animation 图标，Animation 图标由绿色变为红色，进入 Animation 模式。

② 在流程图工作区中添加时间轴指令盒，连接流程线。双击时间轴指令盒，打开时间轴。

③ 双击姿势库中的 Stand 姿势，使机器人变换到 Stand 姿势。单击时间轴标尺中的第 1 帧位置，按 F8 键，在第 1 帧处插入关键帧。

④ 单击时间轴标尺中的第 30 帧位置。握住机器人右手(与右手传感器保持接触状态)，在右眼 LED 变绿时，轻轻调节肩关节、肘关节、腕关节角度至图示状态，与右手传感器脱离接触，在右眼 LED 变黄时，停止调整。按同样步骤调节左臂到图示状态。按 F8 键，保存关节状态至关键帧。

⑤ 单击时间轴标尺中的第 60 帧位置。按④步操作方式，调整手臂关节到图示状态并存储到关键帧。

⑥ 将第 30 帧处的关键帧复制到第 90 帧处。

⑦ 将第 60 帧处的关键帧复制到第 120 帧处，选中该关键帧，右击，选择弹出式菜单"翻转"→"选定关键帧"。

运行效果如图 4.20 所示。

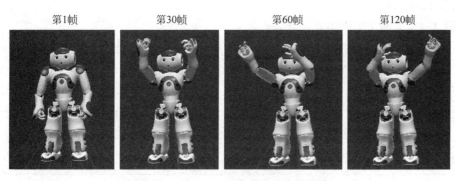

图 4.20 Animation 模式实现的关键帧

4.4.5 行为层

行为层面板中可以添加多个行为层，来执行动作以外的功能。

1. 创建行为层

单击行为层面板右侧的 ⊕ 按钮，添加新层。行为层添加后，分别被命名为 behavior_layer1、behavior_layer2 等。

行为层由一组行为关键帧组成。新建一个行为层后，只有一个行为关键帧，作用范围是整个时间轴。

2. 行为关键帧

行为关键帧是行为层的基本单位。行为关键帧与动作关键帧含义是不同的。动作关键帧功能是完成动作，只对应一个帧编号，两个关键帧间的其他帧由插值方式计算。行为关键帧功能是完成一个流程图，流程图作用范围为行为关键帧对应时间轴上的多个帧。

插入：在行为层某帧位置右击，在弹出菜单中选择"插入关键帧"命令。插入的行为关键帧作用范围为插入点到下一行为关键帧起始点。

编辑：选中行为关键帧，右击，选择"编辑关键帧"命令。编辑窗口如图 4.21 所示。其中，index 为行为关键帧的起始点帧编号。

删除：选中行为关键帧，右击，在弹中菜单中选择"删除关键帧"命令。

设计流程图：单击行为关键帧，此时流程图工作区的内容对应该行为关键帧。在流程图工作区中完成设计。

图 4.21　编辑行为关键帧

执行行为关键帧：在执行时间轴指令盒时，运行动作层动作时，同时执行行为关键帧流程图。时间光标经过一个行为关键帧起始点和终止点之间的时间，是运行行为关键帧流程图的时间。

例 4.3　为例 4.2 添加背景音乐。

① 单击行为层右侧"添加新层"按钮，添加一个行为层。此时行为层中有一个名为 keyframe1 的行为关键帧。在编辑关键帧窗口中将名称修改为 playbackground，如图 4.22 所示。

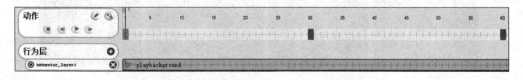

图 4.22　创建行为层 behavior_layer1

② 单击 playbackground 行为关键帧，在流程图工作区中设计该帧流程。在指令盒库中选择 standard→Audio→Sound→Play Sound 指令盒，将其拖曳到流程图工作区中，连接流程线如图 4.23 所示。

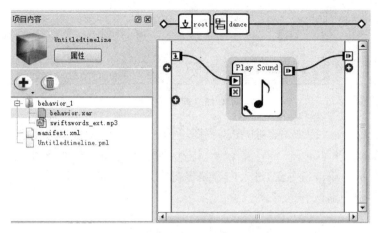

图 4.23 playbackground 行为关键帧流程图

③ 在"项目内容"窗口中,单击"＋"按钮,选择"导入文件",导入背景音乐文件 swiftwords_ext.mp3,将文件移到 behavior_1 目录下。

④ 单击 Play Sound 指令盒左下角"设置"按钮,在设定参数窗口中将播放的音乐文件名设置为 swiftwords_ext.mp3,如图 4.24 所示。

运行程序,机器人做动作同时播放背景音乐。

图 4.24 设定 Play Sound 的参数

3. 多行为层

行为层中包含多个行为关键帧时,各关键帧中的流程图将按顺序执行。如果想让多个流程图同时执行,可以创建多个行为层。

例 4.4 为例 4.3 添加眨眼流程图。

① 单击行为层右侧"添加新层"按钮,再添加一个行为层 behavior_layer2,此时行为层中有一个名为 keyframe1 的行为关键帧,在编辑关键帧窗口中将名称修改为 saystart。在第 26 帧位置插入行为关键帧,将其名称修改为 eyeblink,如图 4.25 所示。

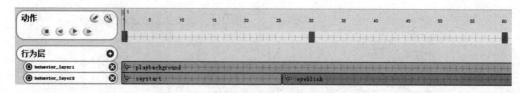

图 4.25 两个行为层

② 单击 saystart 行为关键帧,在流程图工作区中设计该帧流程。在指令盒库中选择 standard→Audio→Voice→Say 指令盒,将其拖曳到流程图工作区中,连接流程线如图 4.26(a)所示。双击指令盒,进入内容编辑窗口,在 Localized Text 窗口中将语言选为 Chinese,文本框中输入"开始"。

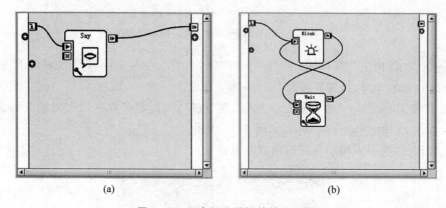

图 4.26 两个行为关键帧的流程图

③ 单击 eyeblink 行为关键帧,在流程图工作区中设计该帧流程。在指令盒库中选择 standard→LEDs→Animations→Blink 指令盒,将其拖到流程图工作区中。选择 standard→Flow Control→Time→Wait 指令盒,将其拖到流程图工作区中。等待指令盒等待参数取默认值(1s)。连接流程线如图 4.26(b)所示,眨眼结束后,等待 1s,再次启动眨眼指令盒。

运行程序,在第 1 秒(前 25 帧)内 NAO 做挥手动作,同时播放背景音乐并说"开始"。从第 2 秒开始 NAO 做挥手动作,同时播放背景音乐,每隔 1s 眨一次眼。

第 5 章 音频处理

在学习 NAO 的音频功能之前,首先了解语音信号的一些相关知识。

人具有"说"和"听"的生理机能,或者说具有语音生成和语音/音频识别功能。人的发声器官由喉、声道和嘴三部分组成,发声器官产生不同强度的气流,控制喉中的声带产生不同频率和不同幅度的振动,产生声波。正常人的发音频率范围为 100~5000Hz。人的听觉器官为耳。声音(空气振动)传入耳道引起鼓膜振动,经内耳把机械运动变换为神经信号,最后传给大脑,识别出不同的语音含义。

NAO 也能够实现"说"和"听",与人进行交流、会话,本章介绍 NAO 的语音识别和语音生成功能。

5.1 音频数据

语音识别和语音生成都涉及对音频数据的表示、存储、建模和处理。

5.1.1 存储音频

利用话筒获取到的声音信号是模拟、连续的电信号,将这些电信号存储到计算机中需要经过采样、量化和编码三个处理过程。

1. 采样

由于不能记录一段时间音频信号的所有值,只能使用采集样本方法记录其中的一部分。采样是对模拟信号周期性地记录信号大小的方法。图 5.1 显示了从模拟信号上选择 10 个样本代表实际的声音信号。

声音信号变化越快,单位时间中采集的样本数就需要越多,才能还原出原始信号。在图 5.1 中,最后一段声音信号变化较快,按照图示的采样频率,已经不能有效恢复原始信号了。依据采样定理(在一个信号周期中,至少需要采两次样,才能有效恢复原始信号),采样频率至少是声音最高频率的 2 倍。采样频率越高,还原的信号越接近于原始信号。

NAO 提供的采样频率包括 8000、11025、12000、16000、22000 和 24000Hz(赫兹)。

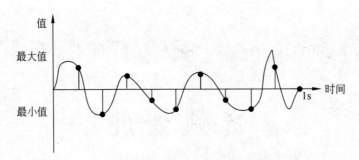

图 5.1 一个音频信号的采样（1 秒钟内采集 10 个样本值）

根据处理音频信号的频率范围，可以做相应选择。例如，在做语音识别时，由于语音信号最高频率只有几千 Hz，采样频率可以选择 8000Hz，8000Hz 也是电话系统使用的语音采样频率。

2. 量化

从每次采样得到的测量值是真实的数字。量化指的是将样本的值截取为最接近的整数值的过程。例如，实际值为 17.2，截取为 17；实际值为 17.8，截取为 18。

3. 编码

量化后的数值需要被编码成位模式。NAO 使用 16 位二进制数表示这些数字。编码二进制位数越多，数值表示就越精确。

4. 存储

NAO 在存储录制的声音时，可以保存为以下两种不同的格式。

WAV 格式：采样的音频数据不做其他处理，仅仅加上一个文件头，说明采样频率、通道个数、编码长度等信息，存储的文件就是常见的 WAVE 文件。WAV 格式文件由于没有压缩数据，占用的存储空间特别大。

OGG 格式：采用 Vorbis 压缩算法对采样音频数据进行压缩处理而得到的文件，文件扩展名为 .ogg。所用算法是开源的、无专利费用。

采样频率为 8000Hz，每秒产生的音频数据为 8000×16b＝128 000b＝16 000B。

采样频率为 22kHz，每秒产生的音频数据约为 44KB，1min 将产生大约 2.5MB 的音频数据，在双声道采样时将达到每分钟产生 5MB 音频数据。

5.1.2 ALAudioRecorder

NAO 头部安装了 4 个话筒，频率范围是 150Hz～12kHz，每个话筒对应一个声道，具有独立的采样和编码电路。

NAOqi 提供的录音模块为 ALAudioRecorder，保存文件格式为 WAV 或 OGG。

NAO 可以录制如下声音：

（1）四声道,48000Hz,OGG；
（2）四声道,48000Hz,WAV；
（3）单声道(frontright，frontleft，rearleft，rearright)，16000Hz,OGG；
（4）单声道(frontright，frontleft，rearleft，rearright)，16000Hz,WAV。
使用 ALAudioRecorder()方法如下。
（1）startMicrophonesRecording()开始录音,非阻塞调用方法。
格式：

startMicrophonesRecording(filename,type,samplerate,channels)

其中,filename 为保存录音文件的绝对路径；type 为录音的格式,也可以为 WAV 或 OGG 格式；samplerate 为采样频率；channels 为请求所用通道,元组类型。

（2）stopMicrophonesRecording()停止录音。

代码清单 5-1　录音

```
class MyClass(GeneratedClass):
    def __init__(self):
        GeneratedClass.__init__(self)
        self.record =ALProxy("ALAudioRecorder")
    def onLoad(self):
        pass
    def onUnload(self):
        pass
    def onInput_onStart(self):
        record_path ='/home/nao/record.wav'
        self.record.startMicrophonesRecording(record_path, 'wav', 16000, (0,0,1,0))
        time.sleep(10)
        self.record.stopMicrophonesRecording()
        self.onStopped()
        pass
    def onInput_onStop(self):
        self.onUnload()
        self.onStopped()
```

程序运行后,将使用 C 话筒录制 10s 的声音,采样频率 16000Hz,以 WAV 格式存储在机器人/home/nao 目录下。

5.1.3　ALAudioPlayer

ALAudioPlayer 可以播放多种格式的音频文件,提供常见的播放功能(播放、停止、暂停、循环等)。ALAudioPlayer 生成的音频流最终驱动机器人的两个扬声器发声。ALAudioPlayer 提供了三十余种方法,控制音频文件的播放,表 5.1 列出了部分方法。

表 5.1　ALAudioPlayer 部分方法

方　法　名	说　明
playFile(filename)	播放指定文件。filename 为文件名。相当于执行 loadFile 和 play
getCurrentPosition(taskId)	返回当前播放位置(秒)。taskId 为非阻塞调用播放方法返回值
goTo(taskId, position)	跳到播放文件的指定位置。position 为跳转位置,实数
getFileLength(taskId)	获取当前播放文件的长度(秒)
loadFile(fileName)	预先装入声音文件,但不播放。返回值为播放文件的 taskId 值
play(taskId)	播放
play(taskId, volume, pan)	volume 为音量,取值范围为[0.0～1.0];pan 为立体声参数(-1.0:左声道/1.0:右声道)
playFileFromPosition(fileName, position, volume, pan)	指定位置播放

播放音频文件前,利用 winscp 工具,将待播放文件上传到机器人/home/nao 目录下。ALAudioRecorder 只能在实体机器人上运行,ALAudioPlayer 可以在虚拟机器人上运行。但在虚拟机器人上 ALAudioPlayer 只能播放 WAV 和 OGG 格式的文件。

代码清单 5-2　播放并获取当前位置(播放上例录制文件)

```python
class MyClass(GeneratedClass):
    def __init__(self):
        GeneratedClass.__init__(self)
        self.aup=ALProxy("ALAudioPlayer")
    def onLoad(self):
        pass
    def onUnload(self):
        pass
    def onInput_onStart(self):
        fileId =self.aup.post.playFile("/home/nao/record.wav")
        time.sleep(5)
        currentPos =self.aup.getCurrentPosition(fileId)
        self.logger.info(str(currentPos))
        pass
    def onInput_onStop(self):
        self.onUnload()
        self.onStopped()
```

声音播放是阻塞调用,可以使用模块代理的 post 对象,在并行线程中创建任务。每个 post 调用产生一个任务 ID 值。本例中 playFile 在播放文件时产生一个 ID 值,在执行 getCurrentPosition()方法时作为参数,读取当前文件播放位置。

打开日志查看器窗口,程序运行后可以看到输出结果为 6.0。

5.1.4 音频特征

1. 语音时域特征

声音信号是随时间变化的连续信号。如图 5.2 所示是 NAO 说"开始"时的声音信号。

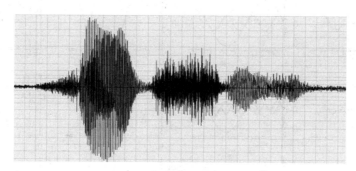

图 5.2　NAO 说"开始"的音频信号

一般情况下,发音时每个字对应一段声波,各个字之间会有一定的间隔时间,甚至一个字之间也有一定的间隔时间。图中信号前半部分振幅较大的部分为"开"的声音信号,后半部分为"始"的声音信号。

2. 傅里叶分析

法国数学家傅里叶证明:任何正常的周期为 T 的函数 $g(t)$,都可以由(无限个)正弦和余弦函数合成:

$$g(t) = a_0 + \sum_{n=1}^{\infty}(a_n\cos(2\pi nft) + b_n\sin(2\pi nft))$$

此处 $f=1/T$ 是基频,a_n 和 b_n 是正弦和余弦函数的 n 次谐波的振幅,这种分解叫傅里叶级数。通过傅里叶级数可以重新合成原始函数。各项系数可以通过变换公式求出。

图 5.3 所示为二进制信号 1110001 的前 4 次谐波合成结果。从图中可以看出,使用的谐波数量越多,叠加的结果就越接近于原始函数。图中的前三列横坐标为时间,最后一列横坐标为频率,纵坐标为幅度的平方根(a_n 与 b_n 平方和开平方)。使用基频的 n 次谐波的振幅数据(频域),可以重塑原始信号(时域)。

利用傅里叶变换,可以将随时间变化的语音信号(时域信号),转换为一组与频率相关的振幅(频域信号),进而研究信号的频谱结构和变化规律。

3. 离散傅里叶变换

离散傅里叶变换(DFT)是信号在时域和频域上都是离散的。DFT 运算结果也是将时域信号的采样值变换为频域不同谐波的振幅。

在实际应用中通常采用快速傅里叶变换(FFT)计算 DFT。FFT 采用了一些近似计算方法,误差很小,运算效率高于 DFT,在 C 和 Python 语言中都有实现函数。通常情况

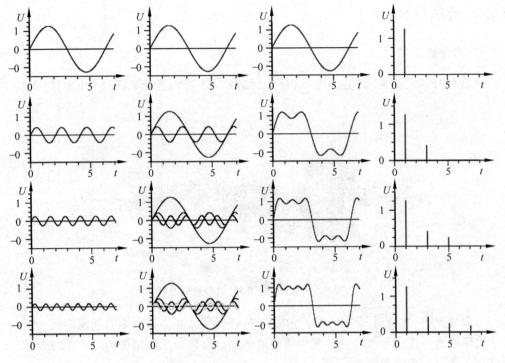

图 5.3　二进制信号 1110001 的前 4 次谐波合成结果

下,FFT 变换两端(时域和频域上)的序列是有限长的(如取 512 或 1024 个数值)。也就是说,一个包含 512 个元素的数组,输入 FFT 算法,输出也是 512 个元素的数组。输入数据表示的是随时间变化的信号采样值,输出数据表示的是这段音频信号在各个频率上的幅度。

4. 音频特征

在任意一个自动语音识别系统中,第一步就是提取特征。换句话说,需要把音频信号中具有辨识性的成分提取出来,然后把其他的信息扔掉,如背景等。

在语音识别技术中,最常用到的语音特征就是梅尔倒谱系数(MFCC)。计算梅尔倒谱系数需要经过预加重,分帧、加窗、快速傅里叶变换,Mel 滤波器组,计算每个滤波器组输出的对数能量,离散余弦变换等过程。

Python 语音处理库 Librosa 提供了 MFCC 的计算方法。

5.2　ALAudioDevice

ALAudioDevice 管理音频的输入和输出,提供了一组操作音频输入设备(话筒)和输出设备(扬声器)的 API。其他的音频模块(ALAudioPlayer 除外)做输入和输出时都使用 ALAudioDevice 提供的 API,如图 5.4 所示。

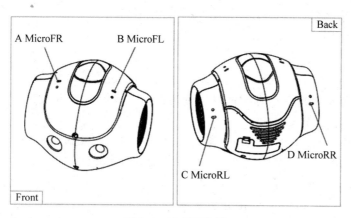

图 5.4　麦克风位置

ALAudioDevice 基于标准的 Linux ALSA(Linux 声音库)库,通过声音驱动程序,与话筒和扬声器通信。

ALAudioDevice 与其他模块关系如图 5.5 所示。

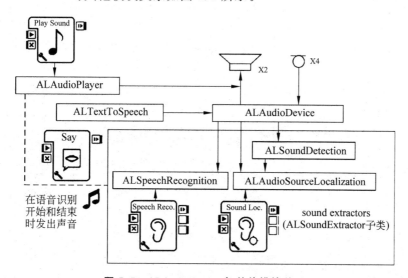

图 5.5　ALAudioDevice 与其他模块关系

5.2.1　输出

1. 数据格式

ALAudioDevice 可以通过以下帧速率之一将数据发送到扬声器:

两声道,交错数据(声道 1 数据,声道 2 数据,声道 1 数据,……),16000Hz(设置亚洲语言时默认);

两声道,交错数据,22050Hz(默认设置非亚洲语言时);

两声道,交错数据,44100Hz;

两声道,交错数据,48000Hz。

2. 输出方法

(1) sendLocalBufferToOutput(nbOfFrames,buffer),本地模块(运行在机器人上的模块)将存放在数据缓冲区声音数据发送到扬声器。数据格式为16b两声道交错数据,缓冲区长度不能超过16 384B。

其中,nbOfFrames为缓冲区中包括的两声道声音数据帧数。在两声道交错数据格式中,1帧长度为两声道的数据长度,4B;buffer为发送缓冲区内存地址。

发送成功方法返回值为真,否则返回值为假。

(2) sendRemoteBufferToOutput(nbOfFrames,buffer),远程模块(运行在机器人之外的模块)将存放在数据缓冲区声音数据发送到扬声器。

任何NAOqi模块都可以在需要时调用适当的方法向NAO的扬声器发送数据。如果数据格式正确,不必做其他配置就可以调用。

3. 输出相关方法

(1) setParameter(parameter,value),设置输出采样率。其中,parameter只能设置为"outputSampleRate",value为设置的输出采样率,可以设置为16000,22050,44100或48000。

(2) setOutputVolume(volume),设置系统的输出音量。其中,volume取值为[0,100]。

系统音量可以由getOutputVolume()方法获取。

代码清单5-3 播放WAV文件(文件内容发送给扬声器)

```
import math
import os.path
class MyClass(GeneratedClass):
    def __init__(self):
        GeneratedClass.__init__(self)
        self.aad=ALProxy("ALAudioDevice")
    def onLoad(self):
        pass
    def onUnload(self):
        pass
    def onInput_onStart(self):
        self.aad.setParameter("outputSampleRate",16000)
        songPath ="/home/nao/hongdou.wav"   #播放前上传文件,hongdou.wav为两声
                                            #道,采样频率为16 000Hz
        size=os.path.getsize(songPath)
        nframe=(size-44)/4          #帧数,WAV头部为44B,每帧4B(两声道,每声道16b)
        with open(songPath,"rb") as file:
            file.seek(0)
            data=file.read()
```

```python
            data=data[44:]                    #头部以后为数据部分
            self.aad.sendLocalBufferToOutput(int(nframe),id(data))
                                              #使用id()函数取数据在内存地址
        pass
    def onInput_onStop(self):
        self.onUnload()
        self.onStopped()
```

代码清单 5-4 生成正弦波并播放

```python
import numpy as np
class MyClass(GeneratedClass):
    def __init__(self):
        GeneratedClass.__init__(self)
        self.aad=ALProxy("ALAudioDevice")
    def onLoad(self):
        pass
    def onUnload(self):
        pass
    def onInput_onStart(self):
        sineTableSize =1024
        outputBufferSize =16384
        sine=np.arange(sineTableSize,dtype=np.int16)
        left_phase =0
        right_phase =0
        nbOfOutputChannels=2
        sampleRate =16000
        freq =1000
        duration =5.0
        fOutputBuffer=np.arange(nbOfOutputChannels * outputBufferSize,dtype
                =np.int16)
        for i in range(0,sineTableSize):
            sine[i] = int(32767 * math.sin((float(i)/float(sineTableSize)) *
                math.pi * 2.0))
        ratio=1.0 /(1.0 / float(freq) * float(sampleRate)/float(sineTableSize))
        inc=int(math.ceil(ratio))
        nbOfBuffersToSend =int(math.ceil(duration * sampleRate/
                    outputBufferSize))
        for d in range(0,nbOfBuffersToSend):
            i=0
            while i<nbOfOutputChannels * outputBufferSize:
                fOutputBuffer[i] =sine[left_phase]
                fOutputBuffer[i+1] =sine[right_phase]
                left_phase =left_phase+inc
                if left_phase >=sineTableSize:
```

```
            left_phase = left_phase-sineTableSize
        right_phase = right_phase+inc
        if right_phase >= sineTableSize :
            right_phase = right_phase-sineTableSize
        i=i+nbOfOutputChannels
    buffer=fOutputBuffer.tostring()
    self.aad.sendLocalBufferToOutput(outputBufferSize,id(buffer))
  pass
def onInput_onStop(self):
  self.onUnload()
  self.onStopped()
```

5.2.2 自定义模块

NAOqi 模块都是库中的类。从 autoload.ini 加载库时,这些模块类将自动实例化。

除了使用 NAOqi 模块外,也可以自定义模块。自定义模块类的基础类是 ALModule。从 ALModule 派生的类,可以"绑定"方法。模块名称和方法将被通告给代理,这样其他模块就可以使用自定义模块了。

1. 模块分类

自定义模块可以是远程模块也可以是本地模块。如果是远程的,在机器人外部运行。远程模块可以从外部调试,但在速度和内存使用方面效率较低。如果是本地的,在机器人本地运行。本地模块比远程模块效率高。

每个模块都可以包含多种方法,某些方法可以限定为从模块外部调用。不管模块是远程的还是本地的,调用这些限定方法的方式是一样的。

本地模块是在同一进程中启动的两个(或更多)模块,本地模块由 NAOqi 作为代理(Broker),统一管理,可以共享变量,可以直接调用彼此的方法。在做一些闭环控制时,必须使用本地模块。

远程模块使用网络进行通信。远程模块需要代理与其他模块通信。Broker 负责所有网络通信。

2. 远程模块的连接

远程模块可以通过使用代理方法,将其代理连接到其他模块的代理上,实现与其他模块通信。连接方式如图 5.6 所示,可以是 Broker 到 Broker,也可以是 Proxy 到 Broker。

3. ALModule 方法

ALModule 模块类是自定义模块类的基类,负责为其子类通告方法。ALModule 方法如表 5.2 所示。

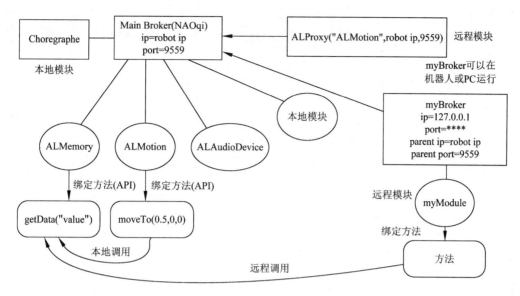

图 5.6 代理与模块关系

表 5.2 ALModule 方法

方 法 名	说 明
getMethodList()	获取模块方法列表
getBrokerName()	获取模块父 Broker 名称
isRunning(id)	post 方式调用的方法是否还在运行,返回值为布尔量,id 为使用 post 调用方法的返回 id
wait(id,timeout)	对 post 方式调用的方法进行等待,直到指定时间结束。等待时间结束返回 True,否则为 False。timeout 为等待时间(ms),整型,为 0 表示一直等待
stop(id)	停止 post 方式调用的方法的运行
exit()	对父 Broker 解除模块注册,调用后模块无效
getMethodHelp(methodName)	返回方法描述(列表)。methodName 为方法名称
getUsage(methodName)	返回模块方法使用情况

4. 自定义模块

(1) 创建自定义模块。主要分以下两步:

① 以 ALModule 为基类创建自定义类,定义方法和事件处理方法,绑定事件。绑定事件使用 ALMemory 模块的 subscribeToEvent(name, callbackModule, callbackMethod)方法,其中 name 为事件名称,callbackModule 为调用事件的模块(实例)名称,callbackMethod 为事件处理方法。

② 创建 Broker 代理,创建自定义模块类实例,进入循环状态,等待事件发生或其他

模块调用。

代码清单 5-5 自定义模块（myModule.py）

```python
import sys
import time
from naoqi import ALProxy
from naoqi import ALBroker
from naoqi import ALModule
HumanGreeter = None
memory = None
class HumanGreeterModule(ALModule):
    def __init__(self, name):
        ALModule.__init__(self, name)
        self.tts = ALProxy("ALTextToSpeech")
        global memory
        memory = ALProxy("ALMemory")
        memory.subscribeToEvent("FrontTactilTouched", "HumanGreeter",
                                "onFrontTactilTouched")
    def onFrontTactilTouched(self, *_args):
        memory.unsubscribeToEvent("FrontTactilTouched", "HumanGreeter")
        self.tts.say("Hello, you touch me")
        memory.subscribeToEvent("FrontTactilTouched", "HumanGreeter",
                                "onFrontTactilTouched")
    def myMethod(self):
        self.tts.say("hello")
def main(IP):
    myBroker = ALBroker("myBroker", "0.0.0.0", 0, IP, 9559)
    global HumanGreeter
    HumanGreeter = HumanGreeterModule("HumanGreeter")
    try:
        while True:
            time.sleep(1)
    except KeyboardInterrupt:
        print "Interrupted by user, shutting down"
        myBroker.shutdown()
        sys.exit(0)
if __name__ == "__main__":
    main("127.0.0.1")     #程序如在计算机上运行，IP地址改为机器人IP地址
```

上述过程中，HumanGreeterModule 类的模块实例为 HumanGreeter，FrontTactilTouched 为触摸头部前传感器时产生的事件，subscribeToEvent()方法将该事件与 onFrontTactilTouched()方法绑定在一起，将其作为事件处理方法。

创建 myBroker 时使用本机地址（0.0.0.0），本地随机可用端口（0），父 Broker 为 naoqi，地址为机器人 IP，端口号为 9559。main 方法中的参数 127.0.0.1 为程序在机器

人上运行时的地址,如果在计算机上运行,地址应改为机器人 IP。

程序运行后,触摸头部前传感器,NAO 将说"Hello, you touch me"。

(2) 调用自定义模块。自定义模块运行后,其他模块可以对其方法进行调用。

代码清单 5-6　在 Choregraphe 中调用 HumanGreeter 模块实例方法

```
class MyClass(GeneratedClass):
    def __init__(self):
        GeneratedClass.__init__(self)
        self.mymodule=ALProxy("HumanGreeter")
    def onLoad(self):
        pass
    def onUnload(self):
        pass
    def onInput_onStart(self):
        self.mymodule.myMethod()
        pass
    def onInput_onStop(self):
        self.onUnload()
        self.onStopped()
```

程序运行后,将调用自定义模块的 myMethod() 方法,NAO 将说"hello"。

(3) 自启动自定义模块。方法如下:

① 使用 WinScp 在 /home/nao 目录下创建 mymodule 子目录,将 myModule.py 上传到该子目录下。

② 修改 /home/nao/naoqi/preferences/autoload.ini。

代码清单 5-7　autoload.ini

```
#autoload.ini
#
#Use this file to list the cross-compiled modules that you wish to load.
#You must specify the full path to the module, python module or program.
[user]
#the/full/path/to/your/liblibraryname.so       #load liblibraryname.so
[python]
#the/full/path/to/your/python_module.py        #load python_module.py
/home/nao/mymodule/myModule.py
[program]
#the/full/path/to/your/program                 #load program
```

③ 重新启动机器人,将自动运行 mymodule.py。

5.2.3　输入

1. 订阅 ALAudioDevice 模块

由于音频数据量非常大,其他的 NAOqi 模块只有在订阅 ALAudioDevice 模块时才能够读取麦克风输入的数据,而不会像读取传感器值那样随时可以从内存中读到。

请求音频数据的模块首先使用 subcribe()方法订阅 ALAudioDevice 模块,并指定其所需数据的格式(通道数、采样率等)。ALAudioDevice 模块按照采样参数采样话筒输入数据,将数据存储在缓冲区中,缓冲区满后通知请求模块读取数据。订阅相关方法为:

(1) subscribe(module):订阅 ALAudioDevice 模块,module 为模块名。

订阅 ALAudioDevice 模块后,请求模块的功能中需要包含一个自动定期调用的方法,处理来自话筒的原始数据。该方法参数包括通道数、采样率、缓冲区、时间,格式如下:

process(nbOfChannels,nbrOfSamplesByChannel,timeStamp,buffer)

(2) unsubscribe(module):解除订阅 ALAudioDevice 模块,module 为模块名,方法执行后,将停止请求模块处理数据方法的周期调用。

(3) setClientPreferences(name,sampleRate,channels,deinterleaved):设置参数。ALAudioDevice 提供下述几种方式的音频数据:

四声道,交错数据,48000Hz,170ms 缓冲(默认设置);

四声道,非交错数据,48000Hz,170ms 缓冲;

单声道(前右,前左,后左,后右),16000Hz,170ms 缓冲。

在订阅数据之前,需要先使用 setClientPreferences() 方法设置数据格式,参数含义为:

name 为订阅模块名称,必须与 subcribe(name)中的名称一致;

sampleRate 为采样率,可以取 48000 或 16000;

channels 取值为 0 是四通道;取值为 1 是前右;取值为 2 是前左;取值为 3 是后左;取值为 4 是后右;

deinterleaved 只在多通道时有效,取 1 时数据为非交错格式。

2. 自定义模块处理音频数据

订阅 ALAudioDevice 模块后,缓冲区满将作为事件与请求模块方法相关联。与前面的处理方式类似,需要将数据处理与指定方法绑定。

代码清单 5-8 音频处理自定义模块

```
#coding=utf-8
from naoqi import *
import time
import numpy as np
import matplotlib.pyplot as plt
class SoundProcessingModule(ALModule):
    def __init__( self, strName):
        ALModule.__init__( self, strName );
        self.BIND_PYTHON( strName, "processRemote")
```

```python
        self.ALAudioDevice =ALProxy("ALAudioDevice", IP, 9559)
        self.isProcessingDone =False
        self.nbOfFramesToProcess =1
        self.framesCount=0
    def startProcessing(self):
        self.ALAudioDevice.setClientPreferences(self.getName(), 16000, 3, 0)
        self.ALAudioDevice.subscribe(self.getName())
        while self.isProcessingDone ==False:
            time.sleep(1)
        self.ALAudioDevice.unsubscribe(self.getName())
    def processRemote(self, nbOfChannels, nbOfSamplesByChannel, timeStamp,
     inputBuffer):
        self.framesCount =self.framesCount +1;
        if (self.framesCount <=self.nbOfFramesToProcess) :
            self.dataTreat(inputBuffer)
        else :
            self.isProcessingDone=True
    def dataTreat(self,data):
        inputBufferSize=int(len(data)/2)
        soundData=np.frombuffer(data,dtype=np.int16)
        normalizationData=np.arange(inputBufferSize,dtype=float)
        normalizationData=soundData/32768.0
        rms = np. sqrt ( np. sum ( np. power ( normalizationData, 2 )/len
             (normalizationData)))    #求均方根
        print  rms
        yf=abs(np.fft.fft(normalizationData))     #FFT变换后取绝对值(实部与虚
                                                  #部平方根)
        yf1=yf[0:int(inputBufferSize/2)]          #FFT数据为对称的,取一半数据
        #以下代码绘制FFT图形,与数据处理无关
        xf =np.linspace(0,8000, int(inputBufferSize/2))   #绘图X轴为频率,线性
                                                  #刻度最大值为8000Hz
        plt.plot(xf,yf1,'r')
        plt.title('FFT',fontsize=7,color='#7A378B')
                                         #注意这里的颜色可以查询颜色代码表
        plt.show()
if __name__ =='__main__':
    IP="192.168.1.170"              #将"192.168.1.170"替换成所用机器人IP
    pythonBroker =ALBroker("pythonBroker","0.0.0.0",0, IP,9559)
    MySoundProcessingModule =SoundProcessingModule("MySoundProcessingModule")
    MySoundProcessingModule.startProcessing()
    pythonBroker.shutdown()
```

程序说明如下。

(1) 模块执行时通过Broker通告模块及其方法,启动方法startProcessing()完成由

self. nbOfFramesToProcess 设定数量的帧处理。本例为绘制声音频率曲线，使用了 matplotlib 库，绘图代码与声音处理无关。由于绘图过程慢，处理帧设置为1。

（2）使用 ALModule 基类的 BIND_PYTHON 方法将模块处理方法指定为 processRemote 方法。

（3）启动订阅后，每采集一帧数据，调用 processRemote 方法进行数据处理，处理数据放置在 inputBuffer 中。当前设置 inputBuffer 长度是 2700B。

（4）声音信号的能量定义为信号的平方和，均方根 rms 反映了信号能量的大小。

（5）FFT 变换后结果为复数形式，对应傅里叶级数公式中的两个系数，对其求绝对值结果是实部与虚部的平方根。

（6）声音处理过程中的参数：

setClientPreferences 方法设置的采样方式为单通道、采样率为 16000；

最高频率为 16000/2＝8000Hz（采样定理）；

一帧实际数据为 2700B，为 1365 次采样，一帧对应 1365/16000ms＝8.53ms 数据；

一帧信号基频为 16000/1365Hz＝11.72Hz，也就是一次谐波的频率为 11.72Hz，二次谐波频率为 23.44Hz。

FFT 变换结果为对称的，即 1365 个采样数据，经过变换后得到 1365 个 FFT 复数数据，实际只有 682 个有效数据；每个数据之间的频率差仍为 11.72Hz。

3. 测试

playSine(frequence,gain,pan,duration)

播放正弦波声音。其中 frequence 为频率（Hz）；gain 为音量大小，取值范围为[0, 100]；pan 为左右声道占比，取值为{-1,0,1}，取 0 表示左右声道同时发声；duration 为持续时间(s)。

代码清单 5-9　播放正弦波声音

```
class MyClass(GeneratedClass):
    def __init__(self):
        GeneratedClass.__init__(self)
        self.aad=ALProxy("ALAudioDevice")
    def onLoad(self):
        pass
    def onUnload(self):
        pass
    def onInput_onStart(self):
        self.aad.playSine(4000,100,1,10)
        pass
    def onInput_onStop(self):
        self.onUnload()
        self.onStopped()
```

同时运行代码 5-8 和 5-9,播放正弦波声音,并通过话筒输入读取,结果如图 5.7 所示。

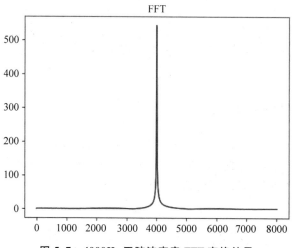

图 5.7 4000Hz 正弦波声音 FFT 变换结果

5.2.4 ALAudioDevice 方法

除了前面介绍的方法外,ALAudioDevice 模块还提供如表 5.3 所示的方法。

表 5.3 ALAudioDevice 模块提供的方法

方 法 名	说 明
enableEnergyComputation()	允许每个声道计算能量,缺省不计算
disableEnergyComputation()	不计算每个声道的能量
getFrontMicEnergy() getRearMicEnergy() getLeftMicEnergy() getRightMicEnergy()	在允许计算每个声道能量时,返回声道在 170ms 时间内的平均能量。能量为信号的平方和
getParameter(parameter)	获取参数值,parameter 取值为 "outputSampleRate"
getOutputVolume()	获取系统音量,[0,100]
muteAudioOut(mute)	mute 为 True,静音;为 False,解除静音
setFileAsInput(fileName)	通知 ALAudioDevice 模块,声音输入为从文件读取内容。文件必须为 48000Hz、16b、4 声道交错数据的 WAV 文件,fileName 为文件的绝对路径名
startMicrophonesRecording(fileName)	录音。fileName 为文件的绝对路径名,扩展名为 wav 时,数据存储为 16b、48000Hz,4 声道 wav 文件,扩展名为 ogg 时,数据存储为 16b、16000Hz,1 声道 ogg 文件
stopMicrophonesRecording()	停止录音。与 startMicrophonesRecording() 对应

5.3 声音检测与定位

NAO 在与人交流的过程中可以将头转向声源方向,这一过程包括了声音检测和定位。NAOqi 提供的声音检测模块是 ALSoundDetection,方向定位模块是 ALSoundLocalization。

5.3.1 ALSoundDetection

ALSoundDetection 模块检测传入音频缓冲区中有意义的声音,该检测基于音频信号电平,并不区分声音内容,因此,只要声音足够大,ALSoundDetection 都可以检测出来。ALSoundDetection 检测的是前话筒信号。

1. 检测过程

(1) 平滑处理原始信号,在移动窗口上计算信号均值。

(2) 峰值检测,确定声音的开始与结束时间。声音信号超过 ALSoundDetection 阈值时,认定为声音开始;声音信号回落到检测到的峰值之前时,认定声音结束。

2. 数据格式

检测到声音后,ALSoundDetection 模块将结果写在内存中,通过 ALMemory 模块读取,对应的键为"SoundDetected"。内存中只保留最后一个音频缓冲区中检测到的声音,格式为:

[[index_1, type_1, confidence_1, time_1],
⋮
[index_n, type_n, confidence_n, time_n]]

其中,index 为声音开始或结束的索引;type 为 1 时表示声音开始,为 0 时表示声音结束;confidence 为检测到真实声音的概率,取值范围为[0,1];time 为发生时间(精度为 ms)。

3. 模块方法

ALSoundDetection 模块通过订阅的方式启动声音检测。NAO 系统启动时启动了声音检测。

(1) subscribe(name):订阅 ALSoundDetection 模块。参数 name 为订阅标识号,字符串型。subscribe()方法调用后,检测到的声音将以"SoundDetected"为键写到内存中,通过 ALMomery 的 getData()方法访问。

(2) unsubscribe(name):解除订阅,停止向内存中写数据。参数 name 为订阅标识号,应与 subscribe()方法中设定的 name 一致。

(3) setParameter(parameter,value):设置声音检测阈值,或者说设置检测的灵敏度。parameter 只能设置为"Sensitivity";value 取值范围为[0,1],为 0 时不检测任何声音,为 1 时灵敏度最高,可以检测最轻微的声音。

4. 模块事件

在检测到声音时产生 SoundDetected 事件。SoundDetected 事件回调函数参数中包含订阅标识号。

5. 在 Choregraphe 中使用事件

SoundDetected 事件在检测到声音时才会产生,以 SoundDetected 事件作为指令盒的激励信号,执行方式与以流程为主的设计模式完全不同。下面以 SoundDetected 事件为例说明事件驱动型程序设计步骤。

(1) 右击流程图工作区左侧边界,选择 Add event from ALMemory 命令,选择 SoundDetected 后(需要连接实体机器人),流程图工作区左侧输入端出现 SoundDetected 输入图标,如图 5.8 所示。

(2) 在流程图工作区右击,选择"创建一个新指令盒"→"Python 语言指令盒"。在指令盒编辑窗口中名称文本框中输入 detected;添加一个新输入点,输入点名称文本框中输入 input,类型选择"动态"。连接流程线如图 5.9 所示。

图 5.8　选择存储事件

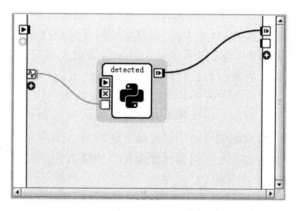

图 5.9　流程图

(3) 编辑 detected 指令盒脚本。

代码清单 5-10　声音检测事件驱动程序

```
class MyClass(GeneratedClass):
    def __init__(self):
        GeneratedClass.__init__(self)
        self.tts=ALProxy("ALTextToSpeech")
    def onLoad(self):
        pass
```

```
    def onUnload(self):
        pass
    def onInput_onStart(self):
        pass
    def onInput_onStop(self):
        self.onUnload()
        self.onStopped()
    def onInput_input(self, p):              #产生 SoundDetected 事件,输入 p,
                                              p 为 SoundDetected 键内容
        self.tts.say("detected")
        self.logger.info(p)
        pass
```

6. Choregraphe 声音检测指令盒

Choregraphe 提供了声音检测指令盒 Sound Peak,位于在 standard→Audio→Sound 组下。Sound Peak 可以设置灵敏度参数,检测到声音后直接输出激励型信号。

5.3.2 ALSoundLocalization

ALSoundLocalization 用于识别机器人听到声音的方向。

1. 识别过程

NAO 有 4 个话筒,每个话筒收到声源发出的声波时间是不同的,这些差异称为到达时间差,到达时间差与发射源的当前位置有关。使用到达时间差,机器人能够从不同话筒上测量的到达时间差识别声源的方向(方位角和仰角)。当 ALSoundDetection 检测到声音时会触发声音方位识别,每次检测到声音时,都会计算其方位并写入内存。

声源定位性能受背景噪声和声源的清晰度的影响,并不区分语音和其他类型声音,一次只能定位一个强度最大的声源。声源定位的最大理论精度大约为 10°,距离最远可以达到几米。启动声源定位会持续占用 3%~5% 的 CPU,在计算声音位置时可能占用高达 10% 的 CPU。

2. 数据格式

ALMemory 模块使用 ALSoundLocalization/SoundLocated 键获取声音方位信息,格式为:

```
[[time(sec), time(usec)],
 [azimuth(rad), elevation(rad), confidence],
 [Head Position[6D]] in FRAME_TORSO,
 [Head Position[6D]] in FRAME_ROBOT
]
```

其中,azimuth 为方位角,elevation 为仰角,confidence 为可信度;Head Position[6D]

包括[x,y,z,wx,wy,wz]6个数据,前3项表示头部位置,后3项表示头部原始位置。

3. 模块方法

(1) subscribe(name):订阅 ALSoundLocalization 模块。参数 name 为订阅标识号,字符串型。调用 subscribe()方法后,检测到的声音将以"ALAudioSourceLocalization/SoundLocated"为键写到内存中,通过 ALMomery 的 getData()方法访问。

(2) unsubscribe(name):解除订阅,停止向内存中写数据。参数 name 为订阅标识号,应与 subscribe()方法中设定的 name 一致。

(3) setParameter(parameter,value):设置参数。Parameter 可以设置为"EnergyComputation";缺省为 False。value 为 True 时将计算声音能量。Parameter 设置为"Sensitivity"时,含义与 ALSoundDetection 相同。

4. Sound Loc. 指令盒

Sound Loc. 指令盒用于识别声音位置。与 SoundDetected 事件类似,ALSoundLocalization 模块支持的事件是 ALAudioSourceLocalization/SoundLocated,Sound Loc. 指令盒内部利用该事件发生时生成的数据,取出列表中的第 2 项(声源信息)和第 4 项(头部信息),分别输出到指令盒的两个输出端。其中第一个输出端输出 2 个数字,方位角和仰角;每 2 个输出端输出 6 个数字。下例使用 Sound Loc. 指令盒做机器人的头部控制。

(1) 选择 standard→Audio→Sound→Sound Loc. 指令盒,添加到流程图工作区中。

(2) 在流程图工作区右击,选择"创建一个新指令盒"→"Python 语言指令盒"。在指令盒编辑窗口中名称文本框中输入 motion;添加一个新输入点,输入点名称文本框中输入 input,类型选择"数字",数量取 2。连接流程线如图 5.10 所示。

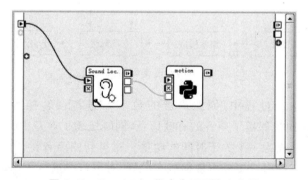

图 5.10　Sound Loc.指令盒识别声音位置

(3) 编辑 motion 指令盒脚本。

代码清单 5-11　声音识别方位控制头部

```
Class MyClass(GeneratedClass):
    def __init__(self):
        GeneratedClass.__init__(self)
```

```
        self.motion=ALProxy("ALMotion")
    def onLoad(self):
        pass
    def onUnload(self):
        pass
    def onInput_onStart(self):
        pass
    def onInput_onStop(self):
        self.onUnload()
        self.onStopped()
    def onInput_input(self, p):
        names = ["HeadYaw", "HeadPitch"]
        angles = [p[0], p[1]]
        fractionMaxSpeed = 0.2
        self.motion.setAngles(names, angles, fractionMaxSpeed)
        pass
```

5.4 语音识别

ALSpeechRecognition 模块完成语音识别功能。

5.4.1 语音识别系统组成

在语音识别系统中,一般会含有如图 5.11 所示的几个通用的组成部分。

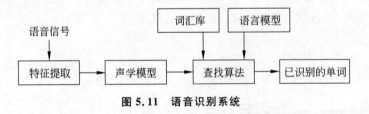

图 5.11 语音识别系统

特征提取:在这一过程中,原始声音的数字信号将会转换为声音特征向量(如 MFCC)。声音特征向量保留了声音的有效信息,同时压缩了声音中的无关信息。声音特征向量的数学表达形式为一个关于时间的向量。对得到的声音特征向量进行解码,将获得一些可能正确的字符串。接着再依据概率原则,对字符串进行筛选。

声学模型:声音特征向量解码的第一步是建立声学模型。声学模型就是经过训练的统计模型,在获得声音特征向量后能够对音素进行预测,而音素则是语音的基本构成单元。隐马尔可夫模型是语音识别中一个常用的声学模型。其他的混合式声学建模方法常使用人工神经网络技术。

词汇库:又称为字典,包含所有用于训练声学模型的词汇。

语言模型:根据单词出现的概率识别出一句话中的结构后,语言模型会进一步根据这些词语进行训练。训练语言模型所用的训练文本十分巨大，它包含训练声学模型时所使用的文本。语言模型估算出单词概率，从而得到合理的识别结果。

查找算法：利用语言模型和词汇库，查找算法可以计算出声音特征向量中可能性最大的词语序列。

已识别的单词：即查找算法的输出结果，它通常为一串单词列表，这些单词最有可能对应给定的声音特征向量。

5.4.2 ALSpeechRecognition

ALSpeechRecognition 模块使用 NUANCE 公司的语音识别引擎，可以识别预先定义的词或短语的语音。

1. 识别过程

在识别之前，需要先为 ALSpeechRecognition 模块提供识别短语列表。识别时，首先检测是否接收到语音，并将结果（True 或 False）以 SpeechDetected 键存储。如果接收到语音，将词汇列表中与机器人听到的语音最匹配的元素放在 WordRecognized 键和 WordRecognizedAndGrammar 键中。

2. 数据格式

WordRecognized 键存储数据格式为：

[phrase_1, confidence_1, phrase_2, confidence_2, …, phrase_n, confidence_n]

其中，phrase_i 为预定义的短语，confidence_i 为语音为该短语的概率。

WordRecognizedAndGrammar 键存储数据格式为：

[phrase_1, confidence_1, grammar_1, phrase_2, confidence_2, grammar_2, …, phrase_n, confidence_n, grammar_n]

其中，phrase_i 为预定义的短语，confidence_i 为语音为该短语的概率，grammar_i 为识别引擎使用的语法名称。

语音识别结果会按概率排序，概率最大的短语排在最前面。

3. Speech Reco. 指令盒

Speech Reco. 指令盒用于识别语音，在识别之前，需要使用 Set Language 指令盒设置使用的语言，在 Speech Reco. 指令盒参数中设置词汇表。

（1）选择 Standard→Audio→Voice→Set Language 指令盒和 Speech Reco. 指令盒，将它们拖到流程图工作区，添加一个 Python 语言指令盒，命名为 sayresult。将 Set Language 指令盒的参数 Language 设置为 Chinese。为 sayresult 指令盒添加一个输入，名称为 input，类型为字符串。连接流程线如图 5.12 所示。

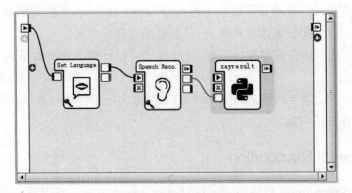

图 5.12 语音识别流程线

（2）设置 Speech Reco. 指令盒参数，如图 5.13 所示。其中，Word list 为词汇表，各个词间用分号（半角）分隔。Confidence threshold 为置信阈值，ALSpeechRecognition 模块在识别语音时会得到一组按概率排序的可能词汇，当概率大于置信阈值时，Speech Reco. 指令盒将输出该词到 wordRecognized 输出端。Visual expression 设置为 True 时，机器人在识别语音时眼部 LED 变绿色。

图 5.13 Speech Reco. 指令盒参数

代码清单 5-12 语音识别 sayresult 指令盒脚本

```
class MyClass(GeneratedClass):
    def __init__(self):
        GeneratedClass.__init__(self)
        self.tts=ALProxy("ALTextToSpeech")
    def onLoad(self):
        pass
    def onUnload(self):
        pass
    def onInput_onStart(self):
        pass
    def onInput_onStop(self):
        self.onUnload()
```

```
        self.onStopped()
    def onInput_input(self, p):
        if p=="一":
            self.tts.say("我听到您说的是一")
        elif p=="二":
            self.tts.say("我听到您说的是二")
        elif p=="三":
            self.tts.say("我听到您说的是三")
        pass
```

程序运行后,靠近机器人头部话筒说话,可以看到机器人在检测到声音后,识别语音时眼部 LED 变绿色。打开对话窗口("视图"→"对话"),可以看到机器人识别的词汇和概率。在说"一""二"或"三"时,如果识别概率高于置信阈值 50%,对应的词以字符形式从 Speech Reco. 指令盒 wordRecognized 输出端口输出,Python 语言指令盒收到该信号后,启动 onInput_input()方法,其中的参数 p 为识别出的词。

4. ALSpeechRecognition 模块主要方法

ALSpeechRecognition 模块主要方法如表 5.4 所示。

表 5.4 ALSpeechRecognition 方法

方 法 名	说 明
setVocabulary(vocabulary, enableWordSpotting)	设置词汇表。其中,vocabulary 为词汇表列表,enableWordSpotting 为 False(默认),识别引擎只将语音识别为给定词汇表中的一个词/短语,即不多,也不少
setLanguage(language)	设置识别系统所用的语言。language 为语言名称,字符串。不设置语言识别引擎将使用在 NAO 的 Web 页面上设置的默认语言
setParameter(parameter, value)	设置参数。parameter 为设置参数名称,参数为 Sensitivity 时,value 为[0,1],参数为 NbHypotheses(识别词汇数量)时,value 为整数,默认为 1
setVisualExpression(setOrNot)	setOrNot 为 True 时,眼部 LED 反映语音识别状态
setAudioExpression(setOrNot)	setOrNot 为 True 时,识别开始与结束时发 bip 语音,反映状态
subscribe(name)	订阅 ALSpeechRecognition 模块,启动语音识别,Name 为订阅标识。订阅后通过 WordRecognized 键调用 ALMemory 模块的 getData()方法获取识别词汇
unsubscribe(name)	解除订阅,name 为订阅标识,应与 subscribe()方法中的 name 一致

ALSpeechRecognition 模块还提供了一组操作识别规则和内容的方法。

代码清单 5-13 从内存中读取语音识别结果

```
import time
from naoqi import ALProxy
ROBOT_IP ="192.168.1.170"      #将"192.168.1.170"替换成所用机器人 IP
```

```
asr =ALProxy("ALSpeechRecognition", ROBOT_IP, 9559)
memory=ALProxy("ALMemory",ROBOT_IP,9559)
asr.setLanguage("English")
#Example: Adds "yes", "no" and "please" to the vocabulary (without wordspotting)
vocabulary = ["yes", "no", "please"]
asr.setVocabulary(vocabulary, False)
asr.subscribe("Test_ASR")
print 'Speech recognition engine started'
for i in range(0,20):
    word=memory.getData("WordRecognized")
    grammar=memory.getData("WordRecognizedAndGrammar")
    print word
    print grammar
    time.sleep(1)
asr.unsubscribe("Test_ASR")
```

程序运行后，对机器人分别说"yes""no"和"please"，输出结果为：

```
['', -3.0]
['', -3.0, '']
['yes', 0.6585000157356262]
['yes', 0.6585000157356262, 'modifiable_grammar']
['no', 0.6171000003814697]
['no', 0.6171000003814697, 'modifiable_grammar']
['please', 0.3806000053882599]
['please', 0.3806000053882599, 'modifiable_grammar']
['please', 0.3806000053882599]
['please', 0.3806000053882599, 'modifiable_grammar']
...
```

5.5 语音合成与对话

语音合成是指将文本数据转换为语音的过程。NAOqi 的语音合成模块是 ALTextToSpeech。

5.5.1 语音合成系统组成

语音合成系统由文本分析、语音分析、韵律分析和语音合成等过程组成。

文本分析：待转换成语音的文本首先需要进行文本结构、语法分析、对转换数字的文本标准化以及词语缩写等项目的检查。

语音分析：每个单独的文本数据称为"字位"。在该阶段，字位将转换为独立且不可分割的声音序列（通常称为"音位"）。

韵律分析：语音的韵律（节奏、强弱、语调等）将添加到基本声音中，从而使语音听起来更加真实。

语音合成：最后这个阶段将语音的各个小单元结合在一起，输出最终的语音信号。

5.5.2 ALTextToSpeech

ALTextToSpeech 模块使用的语音合成引擎与语言有关，日语使用 microAITalk 引擎，其他语言使用 Nuance 或 ACAPELA 引擎。

1. ALTextToSpeech 模块输出调节

ALTextToSpeech 模块在将文本转换成音频流的过程中，可以通过如下方式增加表现力。

（1）设置参数。使用 setParameter(parameter, value)设置参数，parameter 可以取如下值。

pitchShift：音调变换。value 取值范围为[1.0, 4.0]，表示新基频与原始基频的比例。例如，value 取 2.0 时表示高八度。value 为 0 不做音调变换。

doubleVoice：添加混音。value 取值范围为[1.0, 4.0]，表示第二个声音基频与原音基频的比例。value 为 0 不做混音。

doubleVoiceLevel：设置混音增益。value 取值范围为[0, 4.0]，表示第二个声音音强与原音音强的比例。value 为 0 不做混音增益。

doubleVoiceTimeShift：混音延迟(s)。value 取值范围为[0, 0.5]。

代码清单 5-14　设置参数

```
from naoqi import ALProxy
ROBOT_IP = "192.168.1.170"
tts = ALProxy("ALTextToSpeech", ROBOT_IP, 9559)
tts.setLanguage("English")
tts.say("Pitch shift and double voice no changed")
tts.setParameter("pitchShift", 1.5)
tts.setParameter("doubleVoice", 1.0)
tts.say("Pitch shift and double voice changed")
```

（2）标签。在文本中使用"标签"，在句子中改变音调、语速、音量，或者在单词之间添加停顿、强调等。在句子中插入标签以两个右斜线开始，以两个右斜线结束。

① 通用标签。各种语音合成引擎都支持通用标签。

vct：修改音调，设置值为 50%～200%，默认值为 100%。

```
tts.say("\\vct=150\\Hello my friends")
```

rspd：修改语速，设置值为 50%～400%，默认值为 100%。

```
tts.say("\\rspd=50\\hello my friends")      #语速为正常语速的 50%
```

pau：插入停顿，设置值的单位为 ms。

```
tts.say("Hello my friends \\pau=1000\\ how are you?")      #中间停顿 1 秒
```

vol：修改音量，设置值范围为 0～100%，默认值为 80%。音量超过 80% 时，声音会有叠音。

```
tts.say("\\vol=50\\Hello my friends")        #音量为50%
```

mrk：插入书签，设置值范围为 0～64535。书签可以使机器人的语音与其他动作同步，书签可以产生 ALMemory 模块的 ALTextToSpeech/CurrentBookMark 事件。

```
tts.say("\\mrk=0\\ I say a sentence.\\mrk=1\\ And a second one.")
```

rst：复位。句子控制恢复回缺省设置。

```
tts.say("\\vct=150\\\\rspd=50\\Hello my friends.\\rst\\ How are you?")
```

② Nuance 标签。Nuance 语音引擎专用标签如表 5.5 所示。

表 5.5 Nuance 部分专用标签

名称	作用	设置值	示例
bound	设置边界韵律	W：边界弱韵律；S：边界强韵律（首词停顿）；N：无韵律	tts.say("\\bound=W\\ Hello my friends") tts.say("\\bound=S\\ Hello my friends")
emph	设置强调	0：减少；1：增强；2：重读	tts.say("Hello my \\emph=0\\ friends") tts.say("Hello my \\emph=1\\ friends") tts.say("Hello my \\emph=2\\ friends")
eos	句子结束检测	0：不断句；1：强制断句	tts.say("您好\\eos=0\\李明") tts.say("您好\\eos=1\\李明")
readmode	控制读模式	sent：句子模式（缺省）；char：字符模式；word：字模式	tts.say("\\readmode=sent\\Hello my friends") tts.say("\\readmode=char\\Hello my friends") tts.say("\\readmode=word\\Hello my friends")
wait	设置句子结束等待时间	0～9，实际时间为设置值乘以 200，单位为 ms	tts.say("你好.\\wait=8\\李明")

NAO 在中文环境下，部分 Nuance 标签如字符在读模式下没有意义。

代码清单 5-15 带标签的语音合成

```
from naoqi import ALProxy
ROBOT_IP ="192.168.1.170"                    #将"192.168.1.170"替换成所用机器人IP
tts =ALProxy("ALTextToSpeech", ROBOT_IP, 9559)
tts.setLanguage("Chinese")
story="\\vol=40\\\\rspd=40\\很\\rspd=80\\久以前,\\pau=400\\在一个遥远国度里\\
pau=100\\生活着,\\pau=200\\一位\\pau=100\\父母双亡的\\pau=100\\白雪公主。\\
wait=6\\她的继母\\pau=100\\是一个\\emph=2\\\\vol=50\\狠毒的\\vol=40\\\\pau=
100\\\\rspd=40\\蛇蝎\\rspd=80\\女巫."
tts.say(story)
```

2. ALTextToSpeech 模块方法

ALTextToSpeech 模块方法如表 5.6 所示。

表 5.6　ALTextToSpeech 模块方法

方 法 名	说　　明
setVolume(volume)	设置音量大小。其中，volume 取值范围为[0,1.0]，默认值为 1.0
setLanguage(language)	设置语音合成所用的语言。language 为语言名称，字符串。不设置语音合成引擎，将使用在 NAO 的 Web 页面上设置的默认语言
getAvailableLanguages()	获取 NAO 系统本地安装的语言包列表
getLanguage()	获取当前使用的语言
getVolume()	获取当前设置的音量大小
sayToFile(stringToSay, fileName)	将合成的语音信号记录到文件中。采样率为 22050Hz，双通道，16b。stringToSay 为输出字符串，fileName 为机器人上的绝对路径文件名
getAvailableVoices()	获取系统安装的声音列表。中文声音为 naomnc，英文为 naoenu
setVoice(voiceID)	设置语音合成引擎使用的语言。voiceID 必须为 getAvailableVoices() 列表返回值中的元素。

将代码清单 5-12 修改如下。

代码清单 5-16　读文件合成语音

```
import codecs
class MyClass(GeneratedClass):
    def __init__(self):
        GeneratedClass.__init__(self)
        self.tts=ALProxy("ALTextToSpeech")
    def onLoad(self):
        pass
    def onUnload(self):
        pass
    def onInput_onStart(self):
        pass
    def onInput_onStop(self):
        self.onUnload()
        self.onStopped()
    def onInput_input(self, p):
        if p=="一":
            no="1"
        elif p=="二":
            no="2"
        elif p=="三":
            no="3"
        self.say_from_file("/home/nao/story"+no+".txt","utf-8")
        pass
    def say_from_file(self, filename, encoding):
        with codecs.open(filename, encoding=encoding) as fp:
```

```
            contents=fp.read()
            to_say=contents.encode("utf-8")
        self.tts.say(to_say)
```

运行程序前,将代码清单 5-15 中的字符串利用编辑工具存储为 UTF-8 编码格式,文件命名为 story1.txt。用同样方式编辑另外两个小故事 story2.txt 和 story3.txt。使用 WinScp 将文件上传到机器人/home/nao 目录下。运行程序,靠近话筒说"一""二"或"三",机器人语音识别后,读相应的上传文件,"讲"相应的故事。

codecs 库的 open()方法根据给定的编码方式打开文件。ALTextToSpeech 模块 say()方法接收 UTF-8 格式编码数据,不管从文件中读取的是什么格式数据,encode()方法将其转换为 UTF-8 编码格式。

5.5.3 对话指令盒

对话指令盒将语音识别和语音合成功能结合在一起,完成人机对话功能。

1. 创建对话指令盒

对话指令盒是 Choregraphe 允许用户自定义创建的指令盒,有两种创建方式:

(1) 在指令盒库中选择 standard → Templates → Dialog,拖到流程图工作区中。

(2) 在流程图工作区空白区域右击,选择"创建一个新指令盒"→"对话",进入编辑指令盒窗口,输入指令盒名称。每个对话指令盒必须针对一个对话主题,单击"添加一个新主题"按钮,在打开的添加新的对话主题窗口中填写主题名称,勾选支持的语言,单击"添加"按钮,如图 5.14 所示。单击编辑指令盒窗口中的"确定"按钮,完成对话指令盒的创建。对话指令盒创建后,在项目内容窗口中新添加了主题文件,文件名称为:主题名称_语言.top,如 story_mnc.top。添加 Set Language 指令盒并设置语言为 Chinese,连接流程线,如图 5.15 所示。

2. 对话主题文件

双击项目内容窗口中的 story_mnc.top,打开对话主题文件,围绕对话主题编辑人机对话内容。story_mnc.top 是中文主题文件,使用 Set Language 指令盒将系统语言设置为中文后将自动加载。

用户语法如下。

u:(Input) Answer

图 5.14 对话主题

```
u:(Input)
 Answer
```

其中,括号(半角括号)中的 Input 为人的输入,Answer 为机器人的回答。或者说 Input 是机器人做语音识别得到的识别结果,Answer 是语音合成的文本。缩进和空白符会自动省略。

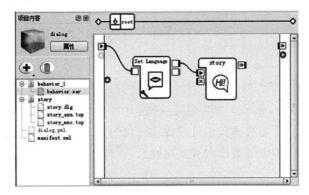

图 5.15　对话指令盒

按照用户语法编辑如图 5.16 所示内容。其中,主题文件头部 topic 指定主题名称,language 指定使用语言。

图 5.16　对话主题内容

3. 运行对话

运行对话有以下两种方式:

(1) 打开对话窗口,在对话窗口下方的输入框中输入文字,模拟人说话。虚拟机器人或实体机器人都会响应输入。

(2) 连接实体机器人,与机器人对话。对机器人说"您好",如果机器人识别为"您好"的概率大于阈值(如 50%),机器人将回答"您好"。对机器人说"你叫什么",机器人将回答"我是 NAO"。语音识别概率可以在对话窗口中查看。

4. 对话语法规则

(1) 头部:头部除了 topic 和 language 外,还有 include 等关键字。
include:导入其他主题文件,相当于将两个主题文件定义的对话合并,格式:

```
include: filename
```

filename 为另一个 top 文件名。include 关键字必须放在 topic 和 language 关键字之后,用户对话规则之前。

(2)语法规则如下。

① 选择符:[]。

```
u:([word1 word2 wordn]) answer
u:(input) [word1 word2 wordn]
u:([word1 word2 wordn]) [word1 word2 wordn] human
```

其中,word1,word2,wordn 为并列关系,各项之间用空隔分隔,可以相互替换。

对于人的输入端,使用选择操作可以提供变化的输入。

对于机器的输出,如果语法规则被多次触发,机器人将输出变化的回答(按序替换可变部分)。例如:

```
topic: ~introduction ()
language:enu
u:([hi hello]) [hello hi] human
```

在对话窗口中分别输入 hi、hi、hi、hello,对话窗口输出结果为:

```
人类: hi (100%)
机器人: hello human
人类: hi (100%)
机器人: hi human
人类: hi (100%)
机器人: hello human
人类: hello (100%)
机器人: hi human
```

② 短语分隔符:""。

```
u:([word1 "phrase 1"]) ["phrase 2" "phrase 3"]
```

其中,word1 和 phrase 1 是并列的,可以相互替换。phrase 2 和 phrase 3 在多次触发时交替输出。例如:

```
topic: ~introduction ()
language:enu
u:(["hello how are you" "hello are you OK"]) ["I am fine" "I am OK"]
```

③ 可选分隔符:{ }。

```
u:(sentence1 {optionalWord} sentence2) answer
u:(sentence1 {"optional phrase"} sentence2) answer
```

其中,可选部分可以出现,也可以不出现。可选部分可以出现在句首、句中或句尾。

在选择符[]中,可选部分只能出现在短语中。例如:[chocolate milk {bread}]是无效的,需要变为[chocolate milk "{white} bread"]。

```
topic: ~introduction ()
language:enu
u:(hello {buddy} how are you) hello I am fine
```

输入 hello buddy how are you 与 hello how are you 时,响应都为 hello I am fine。

④ 通配符:*。

```
u:(sentence * sentence) answer
```

* 匹配任何长度的字和词。

```
topic: ~introduction ()
language:enu
u:(my name is *) nice to meet you
u:(I like to * a lot) it sounds cool
```

⑤ 变量符:$。

修改变量:

```
u:(input) answer $variableName=value
```

使用变量:

```
u:(input) answer $variableName
```

其中,variableName 为变量名。变量可以用于人的语音输入部分,也可以用于机器人语音输出部分。输出变量可以作为指令盒的输出传递给其他指令盒。

5. 对话实例

NAO 与用户对话,根据用户命令做动作(坐下)、讲故事。

(1) 向 story 对话指令盒添加两个输出,分别取名为 story 和 sitdown,输出类型选择"动态",输出特性选择"可多次激活"。

(2) 在流程图工作区空白处右击,在弹出的快捷菜单中,选择"创建一个新指令盒"→"Python 语言",将指令盒命名为 story,修改 onStart 输入端,将输入类型修改为"动态"。在指令盒库中选择 standard→Flow Control→Time→Wait,拖到流程图工作区。在指令盒库中选择 standard→Motions→Dances→Sit Down,拖到流程图工作区。连接流程线如图 5.17 所示。

(3) 编写对话主题文件 story_mnc.top。

代码清单 5-17 story_mnc.top

```
topic: ~story()
language: mnc
```

u:(您好)您好
u:(你叫什么)我是 NAO
u:(你[能 可以 会]{给我}讲{个}故事吗)可以,我可以讲三个故事,白雪公主,卖火柴的小女孩,小红帽,你想听哪个
u:(["第一个 {故事}" 白雪公主])可以 $story=1
u:(第二个 {故事})可以 $story=2
u:(卖火柴的小女孩)可以 $story=2
u:(第三个 {故事})可以 $story=3
u:(*坐下)好的 $sitdown=1

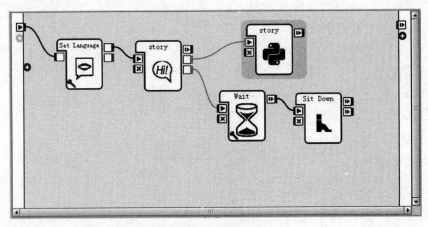

图 5.17 对话流程图

(4) 编写 story Python 语言指令盒脚本。

代码清单 5-18　接收对话指令盒输出

```
class MyClass(GeneratedClass):
    def __init__(self):
        GeneratedClass.__init__(self)
        self.tts=ALProxy("ALTextToSpeech")
    def onLoad(self):
        pass
    def onUnload(self):
        pass

    def onInput_onStart(self, p):
        if p=="1":
            self.tts.say("\\vol=60\\\\rspd=40\\很\\rspd=80\\久以前,
                \\pau=400\\在一个遥远国度里")
        elif p=="2":
            self.tts.say("有一个小女孩")          #故事内容略
        elif p=="3":
            self.tts.say("小红帽")                #故事内容略
```

```
        pass
    def onInput_onStop(self):
        self.onUnload()
        self.onStopped()
```

5.5.4 ALDialog

对话指令盒是基于 ALDialog 模块的，ALDialog 模块的功能是实现基于规则的人机对话。使用 ALDialog 模块进行对话流程如下例所示。

代码清单 5-19　ALDialog 会话

```
#coding=utf-8
from naoqi import ALProxy
def main(robot_ip, robot_port):
    dialog_p =ALProxy('ALDialog', robot_ip, robot_port)
    dialog_p.setLanguage("Chinese")
    topf_path="/home/nao/story_mnc.top"          #主题文件,使用绝对路径
    topf_path =topf_path.decode('utf-8')
    topic =dialog_p.loadTopic(topf_path.encode('utf-8'))   #装载主题文件
    dialog_p.subscribe('myModule')                #启动对话
    dialog_p.activateTopic(topic)                 #激活主题
    raw_input(u"Press 'Enter' to exit.")    #对话阶段,等待键盘输入,按回车键结束
    dialog_p.deactivateTopic(topic)               #停用主题
    dialog_p.unloadTopic(topic)                   #卸载主题
    dialog_p.unsubscribe('myModule')              #停止对话
if __name__ =='__main__':
    ip="192.168.1.170"              #将"192.168.1.170"替换成所用机器人IP
    port=9559
    main(ip, port)
```

5.5.5 综合实例

与机器人会话，做视频点播。

本例运行时需要主机端和机器人端同时运行，主机端和机器人端的功能如下。

主机端：完成视频播放，主机端程序接收到机器人通过网络发来的视频序号后，选择相应的视频进行播放。

机器人端：接收用户语音，将用户点播的视频序号通过网络发送给主机。

机器人和主机端通过网络传送数据使用 socket 套接字，socket 套接字传送方式请参阅附录 F 中 socket 部分。机器人和主机使用 socket 套接字通信需要相互知道对方的 IP 地址和端口号。

1. 机器人端

（1）选择 Standard→Audio→Voice→Set Language 指令盒和 Speech Reco. 指令盒，

将它们拖到流程图工作区，添加一个 Python 语言指令盒，命名为 video。连接流程线如图 5.18 所示。

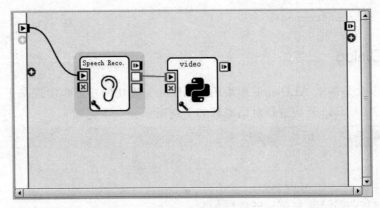

图 5.18　流程图

（2）设置 Speech Reco. 指令盒参数，在词汇表中添加视频序号 1 和 2，用半角分号分隔，如图 5.19 所示。

（3）为 video 指令盒添加参数。右击 video 指令盒，选择"编辑指令盒"，在编辑指令盒窗口中，单击"参数"右侧的"添加"按钮，添加一个新参数。将参数命名为 Port，类型为整数，缺省值为 30005，如图 5.20 所示。

图 5.19　语音识别参数

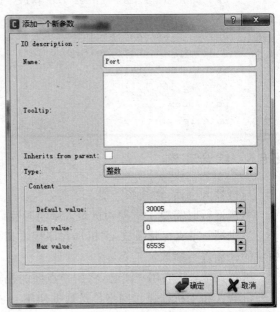

图 5.20　添加新参数

按同样方法，添加参数 IPAddr，类型为字符串型，缺省值为 127.0.0.1；添加参数 broadcast，类型为布尔型，勾选缺省值。

（4）为 video 指令盒设置参数，如图 5.21 所示。其中，IPAddr 为主机的 IP 地址。将

video 指令盒 onStart 输入端口类型修改为"字符串"。

图 5.21 设置指令盒参数

（5）编写指令盒脚本。

代码清单 5-20 video 指令盒接收语音识别出的视频序号，通过 socket 发送给主机端

```
import socket
import struct
import time
class MyClass(GeneratedClass):
    def __init__(self):
        GeneratedClass.__init__(self)
    def onLoad(self):
        pass
    def onUnload(self):
        pass
    def onInput_onStart(self, p):
        Port=self.getParameter("Port")
        broadcast=self.getParameter("broadcast")
        ipAddr=self.getParameter("IPAddr")
        if broadcast:
            desc=("<broadcast>",Port)
        else:
            desc=(ipAddr,Port)
        self.sock=socket.socket(socket.AF_INET,socket.SOCK_DGRAM)
        self.sock.setsockopt(socket.SOL_SOCKET,socket.SO_REUSEADDR,1)
        header="ABCV"    #自定义的头部格式,如果通过网络发送多种数据,与其他数据区分
        if len(p)>0:
            info=int(p)
            data=struct.pack("!4si",header,info)
            self.sock.sendto(data,desc)
        self.sock.close()
        pass
    def onInput_onStop(self):
```

```
        self.onUnload()
        self.onStopped()
```

2. 主机端

(1) 在项目目录下创建 video 目录,将点播的视频文件 1.mpg 和 2.mpg 拷贝到该目录下。

(2) 编辑 setting.txt 文件,内容为点播文件列表,每个文件名占 1 行。内容为:

1.mpg
2.mpg

(3) 编写主机端程序。

代码清单 5-21   主机端程序

```python
import socket
import struct
import time
import sys
import os
import cv2
class Communication:
    def __init__(self):
        self.Communication_Port=30005
        self.controllInfo=0
        self.bStopped=False
    def start(self):
        self.sock=socket.socket(socket.AF_INET,socket.SOCK_DGRAM)
        self.sock.setsockopt(socket.SOL_SOCKET,socket.SO_REUSEADDR,1)
        self.sock.bind(('192.168.1.186',self.Communication_Port))
                                       #将"192.168.1.186"替换成所用主机 IP
    def recv(self):
        if(not self.bStopped):
            self.msg,(self.addr,self.port)=self.sock.recvfrom(8)
            header,info=struct.unpack("!4si",self.msg)
            if(header=='ABCV'):
                self.controllInfo=info
            return self.controllInfo
    def stop(self):
        return self.bStopped
    def close(self):
        self.bStopped=True
        self.sock.close()
class Video:
    def __init__(self):
```

```python
            self.video_file=[]
    def loadVideos(self):
        current_dir=os.path.split(os.path.realpath(sys.argv[0]))[0]
        for line in open("setting.txt"):
            path=os.path.join(current_dir,'video',line.strip('\n'))
            self.video_file.append(path)
    def playVideo(self,number):
        if(len(self.video_file)>=number):
            fileName=self.video_file[number-1]
            cap =cv2.VideoCapture(fileName)
            while(cap.isOpened()):
                ret, frame =cap.read()
                if ret==True:
                    cv2.imshow('frame', frame)
                    if cv2.waitKey(100) & 0xFF ==ord('q'):
                        break
                else:
                    break
            cap.release()
            cv2.destroyAllWindows()
if __name__=='__main__':
    mySocket=Communication()
    mySocket.start()
    myVideo=Video()
    myVideo.loadVideos()
    while(not mySocket.stop()):
        number=mySocket.recv()
        if(number==0):
            sys.exit()
        else:
            myVideo.playVideo(number)
        time.sleep(0.1)
    mySocket.close()
```

第6章 视觉处理

NAO 的视觉功能基于头部安装的两个相机。NAOqi 提供了拍照、录制视频、管理视频输入、图像检测识别等功能。本章介绍 NAOqi 系统的 ALPhotoCapture、ALVideoDevice、ALRedBallDetection、ALFaceRecognition、ALVideoRecorder 等视觉模块。

6.1 视频设备

NAO 头部有两个相机,用于识别视野中的物体,最快可以每秒拍摄 30 帧分辨率为 1280×960 的图像。

6.1.1 设备参数

1. 相机 ID

前额相机:ID=0,主要用于拍摄远景图像。
嘴部相机:ID=1,主要用于拍摄下方图像。

2. 拍摄角度

两个相机拍摄角度如图 6.1 和图 6.2 所示。在低头情况下,嘴部相机可以拍到脚部图像。

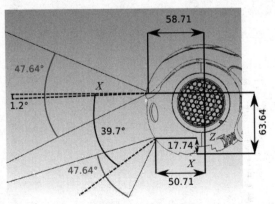

图 6.1 相机位置与垂直拍摄角度

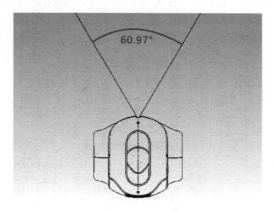

图 6.2　水平拍摄角度

3. 分辨率

任何一幅图像都可以分割成很多小块图像,例如,可以将 NAO"看到"的图像横向上分为 4 份,纵向上分为 3 份,共 4×3=12 个小块图像。显然,这 12 个小块图像每块里面仍然包括很多图像信息,还可以细分。只有一种颜色,不能再切割成更小单位的小块图像,称为像素(px)。像素是构成图像的基本单位,也是相机中感光元件感应光的最小单位。对于同一幅图像来说,NAO 可以用 320×240 个像素描述,也可以用 640×480 或 1280×960 个像素描述。像素数越多,描述细节能力越强,图像越清晰。NAO 支持的分辨率参数如表 6.1 所示(不同型号的 NAO 支持的分辨率有所不同)。

表 6.1　NAO 支持的分辨率

名　　称	ID	分辨率	名　　称	ID	分辨率
AL∷kQQQQVGA	8	40×30px	AL∷kQVGA	1	320×240px
AL∷kQQQVGA	7	80×60px	AL∷kVGA	2	640×480px
AL∷kQQVGA	0	160×120px	AL∷k4VGA	3	1280×960px

4. 色彩空间

像素包括位置和颜色两种属性。在一幅图像中,实际上只是按行存储各个像素的颜色值,像素的位置信息很容易计算,如图 6.3 所示。颜色通常用 1~4B 的数值表示。在不同的色彩模型下,每个字节所表示的含义不同,这些数值所能定义的色彩范围称为色彩空间,也称为颜色空间。NAO 支持如下几种色彩空间。

(1) RGB 色彩空间。根据三原色原理,任何颜色都可以用红(R)、绿(G)、蓝(B)3 种颜色按不同的比例混合而成。在使用 RGB 模式表示像素颜色时,红色、绿色和蓝色的值分别存储在一个字节(范围从 0 到 255)中。例如(255,0,0)对应的是纯红色,表示红色比例最大,没有绿色和蓝色;(128,0,0)也是红色,但是红色分量数值较小,因此是暗红色;(0,0,0)对应的是黑色,没有任何一种颜色。

图 6.3　像素计算

(2) YUV 色彩空间。这是彩色电视系统所采用的一种颜色编码方法,可以向后兼容黑白电视机。"Y"表示亮度(Luma),也就是灰度值;而"U"和"V"表示的则是色度(Chroma),作用是描述影像色彩及饱和度,用于指定像素的颜色。YUV 色彩空间中的 Y、U、V 3 个分量可以由 RGB 算出。YUV 和 RGB 互相转换的公式如下:

$$Y=0.299R+0.587G+0.114B$$
$$U=-0.147R-0.289G+0.436B$$
$$V=0.615R-0.515G-0.1B$$
$$R=Y+1.14V$$
$$G=Y-0.39U-0.58V$$
$$B=Y+2.03U$$

采用 YUV 色彩空间的优势是它的亮度信号 Y 和色度信号 U、V 是分离的。如果只有 Y 信号分量而没有 U、V 分量,那么这样表示的图像就是黑白灰度图像。由于人眼对彩色图像细节的分辨本领比对黑白图像差得多,相邻的几个点即使使用相同的 U 值和 V 值,图像在人眼中的感觉也不会起太大的变化。因此,在 YUV 色彩空间中,每个像素点可以全部使用自己的 Y、U、V 数值,也可以使用自己的 Y,使用相邻点的 U 和 V 值。例如,YUV4∶4∶4 存储形式中 YUV 3 个信道的抽样率相同,因此在生成的图像里,每个像素的 3 个分量信息完整(每个分量 1 个字节),每个像素占用 3 个字节。

下面的 4 个相邻像素为:[Y0 U0 V0] [Y1 U1 V1] [Y2 U2 V2] [Y3 U3 V3]。

存放的码流为:Y0 U0 V0 Y1 U1 V1 Y2 U2 V2 Y3 U3 V3。

YUV4∶2∶2 存储形式中每个色度信道的抽样率是亮度信道的一半,相邻的 4 个像素(两行两列)需占用 8 字节,如图 6.4 所示。

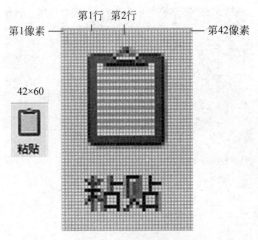

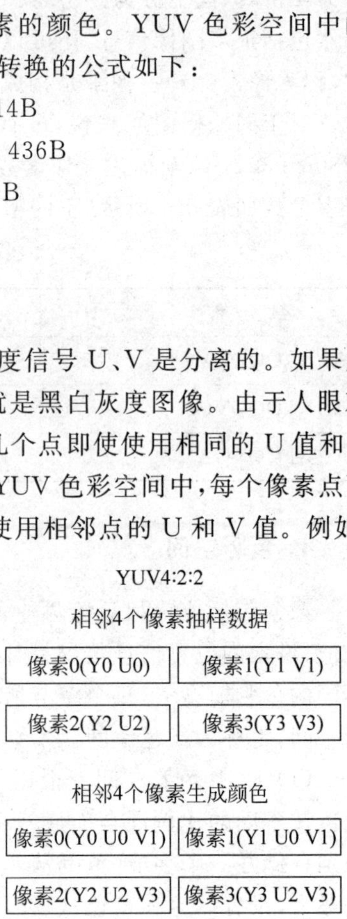

图 6.4　颜色空间示例

相邻的 4 个像素为：[Y0 U0 V0] [Y1 U1 V1] [Y2 U2 V2] [Y3 U3 V3]。
存放的码流为：Y0 U0 Y1 V1 Y2 U2 Y3 V3。
映射出像素点为：[Y0 U0 V1] [Y1 U0 V1] [Y2 U2 V3] [Y3 U2 V3]。

NAO 将拍摄的图像或视频通过网络传给计算机时，采用 YUV 颜色空间可以降低网络传送数据量。

（3）HSY 色彩空间。这是摄像机的彩色标准。其中 Y 是亮度；H 是色调（Hue），代表不同的颜色，就是颜色的名称，如红色、黄色等；S 是饱和度（Saturation），代表颜色的深浅，越高色彩越纯，低则逐渐变灰。H 和 S 由以下公式计算：

$$Y = 0.299R + 0.587G + 0.114B$$
$$Cr = R - Y$$
$$Cb = B - Y$$
$$H = \arctan(Cr/Cb)$$
$$S = \mathrm{sqrt}(Cr * Cr + Cb * Cb)$$

Y 的取值范围为 [0, 255]；H 的取值范围为 [0, 359]，表示在 0～360°的标准色环上，按照角度值标识不同颜色，从红色开始按逆时针方向计算，红色为 0，绿色为 120，蓝色为 240，它们的补色是黄色为 60，青色为 180，品红为 300；S 取值范围 [0, 255]。色环如图 6.5 所示。

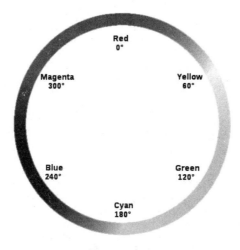

图 6.5　色环

（4）HSV 色彩空间。这是将 RGB 色彩空间中的点在倒圆锥体中的表示方法，也称为 HSB。H 是色调，S 是饱和度，V 是明暗，表示色彩的明亮程度，与光源强度无直接关系。

RGB 转换 HSV 公式：

$$M = \max(R, G, B)$$
$$m = \min(R, G, B)$$

$$H = 60 \times (G-B)/(M-m) \bmod 360 \quad \text{if } M = R$$
$$H = 60 \times (B-R)/(M-m) + 120 \quad \text{if } M = G$$
$$H = 60 \times (G-B)/(M-m) + 240 \quad \text{if } M = B$$
$$V = M$$
$$S = (M-m)/M \quad \text{if } V \neq 0$$
$$S = 0 \quad \text{if } V = 0$$

与 RGB 相比，HSV 色彩空间不会随光源强度的变化而发生剧烈变化，目标物体颜色值也不会出现较大的偏差，一定程度上减弱了光照条件对机器人视觉系统的影响，增强了机器人视觉系统的自适应能力。

OpenCV 库中提供了 convertRGBtoHSV 函数，将 RGB 色彩空间图像转换为 HSV 色彩空间图像。

表 6.2 所示为 NAO 支持的色彩空间。

表 6.2 NAO 支持的色彩空间

色彩空间名称	ID	字节	说　明
AL::kYuvColorSpace	0	1	只含亮度 Y 分量，1B
AL::kyUvColorSpace	1	1	只含色度 U 分量，1B
AL::kyuVColorSpace	2	1	只含色度 V 分量，1B
AL::kRgbColorSpace	3	1	只含红色 R 分量，1B
AL::krGbColorSpace	4	1	只含绿色 G 分量，1B
AL::krgBColorSpace	5	1	只含蓝色 B 分量，1B
AL::kHsyColorSpace	6	1	只含色调 H 分量，1B
AL::khSyColorSpace	7	1	只含饱和度 S 分量，1B
AL::khsYColorSpace	8	1	只含亮度 Y 分量，1B
AL::kYUV422ColorSpace	9	2	YUV4:2:2,2B
AL::kYUVColorSpace	10	3	YUV4:4:4 3B
AL::kRGBColorSpace	11	3	包含红色、绿色、蓝色 3 个分量，3B，存储方式 BBGGRR
AL::kHSYColorSpace	12	3	包含色调、饱和度、亮度，3B
AL::kBGRColorSpace	13	3	包含红色、绿色、蓝色 3 个分量，3B，存储方式 RRGGBB
AL::kYYCbCrColorSpace	14	2	连续两个像素表示为 Y、Y、Cb、Cr

NAO 拍摄的照片如果按 RGB 颜色空间每个像素占用 3 字节的方式存储，将占用非常大的空间。一幅中等分辨率 640×480 像素的照片，实际占用的空间为 640×480×3B=926100B，而 1280×960 像素的照片将占用 3.52MB 空间。为了降低照片容量，NAO 支持多种图像压缩算法，可以将图像保存为多种不同的格式，包括 bmp、jpeg、jpg、png、tiff 等。

6.1.2 ALPhotoCapture

ALPhotoCapture 模块主要用于拍摄照片（组）并保存，拍照及保存图片时需要使用分辨率、文件格式、颜色空间及帧率（每秒拍照次数）等参数，主要方法如表 6.3 所示。

表 6.3 ALPhotoCapture 主要方法

方 法 名	功 能	说 明
getCameraID()	获取拍照相机 ID	0：上部相机；1：下部相机
setCameraID()	设置拍照相机	不设置，默认为上部相机
getCaptureInterval()	获取拍照时间间隔	对应帧率，单位：ms
setCaptureInterval(captureInterval)	设置拍照时间间隔	captureInterval 为整数，单位：ms，默认值 200
setColorSpace(colorSpace)	设置颜色空间	colorSpace 为表 6.2 中 ID 值
setPictureFormat(pictureFormat)	设置保存图像格式	bmp,jpg,png,tiff 等
setResolution(resolution)	设置分辨率	resolution 为表 6.1 中 ID 值
takePicture(folderPath,filename[,overwrite])	拍摄图像	folderPath 为保存路径，fileName 为保存的文件名，overwrite 取 false 时存在同名文件时不覆盖
takePictures(numberOfPictures,folderPath,filename[,overwrite])	拍摄图像组	numberOfPictures 为拍摄照片的数量，overwrite 为 True 或省略时为允许覆盖

ALPhotoCapture 模块将拍摄照片保存在机器人中，系统的 /home/nao/recordings/cameras/ 目录用于保存拍照片。

代码清单 6-1 利用 ALPhotoCapture 拍摄照片

```
class MyClass(GeneratedClass):
    def __init__(self):
        GeneratedClass.__init__(self)
        self.photo=ALProxy("ALPhotoCapture")
    def onLoad(self):
        pass
    def onUnload(self):
        pass
    def onInput_onStart(self):
        self.photo.setResolution(2)
        self.photo.setPictureFormat("jpg")
        self. photo. takePictures (3, "/home/nao/recordings/cameras/", "redball")
        pass
    def onInput_onStop(self):
        self.onUnload()
```

```
self.onStopped()
```

程序执行 takePictures()方法前,设置分辨率为 640×480 像素,图像格式为 jpg。相机、颜色空间、拍照间隔未设置,分别取默认值上部相机、RGB 颜色空间和 200ms(每秒拍 5 张照片)。takePictures()方法执行后,将拍摄 3 张照片,分别命名为 redball_1.jpg、redball_2.jpg 和 redball_3.jpg,存放在 NAO 机器人的/home/nao/recordings/cameras 目录下。

6.1.3 ALVideoRecorder

ALVideoRecorder 模块利用相机录制视频,保存文件格式为 avi。ALVideoRecorder 模块支持的主要方法如下表 6.4 所示。

表 6.4 ALVideoRecorder 主要方法

方法名	功能	说明
getCameraID()	获取拍照相机 ID	0:上部相机;1:下部相机
setCameraID()	设置拍照相机	不设置,默认为上部相机
getFrameRate()	获取帧率	获取帧率,整数
setFrameRate(frameRate)	设置帧率	frameRate 为整数,最大 30,VGA 下最大为 15
setColorSpace(colorSpace)	设置颜色空间	colorSpace 为表 6.2 中 ID 值
setVideoFormat(videoFormat)	设置视频格式	videoFormat 取值为"IYUV"或"MJPG"
setResolution(resolution)	设置分辨率	resolution 为表 6.1 中 ID 值
startRecording(folderPath, filename [, overwrite])	拍摄视频	folderPath 为保存路径;fileName 为保存的文件名,如果不包含 avi 扩展名,会自动填加;overwrite 取 false 时存在同名文件时不覆盖,退出并抛出异常
isRecording()	获取当前状态	true:录制状态
stopRecording()	结束拍摄	返回值:[numRecordedFrames, recordAbsolutePath]

startRecording()和 stopRecording()方法用于录制视频。调用 startRecording()方法后将按照当前设置的颜色空间、帧率、分辨率、视频格式录制视频。如果未设置参数,默认参数如下。

颜色空间:BGR

帧率:15FPS

分辨率:QVGA(320×240)

视频格式:MJPG

startRecording()为非阻塞调用方法,调用后将开启新线程录制视频。

调用 stopRecording()方法停止录制,并将视频内容写到指定文件中。

代码清单 6-2　利用 ALVideoRecorder 录制视频

```
#coding=utf-8
import os
import sys
import time
from naoqi import ALProxy
IP ="192.168.1.170"                        #将"192.168.1.170"替换成所用机器人IP
PORT =9559
try:
    videoRecorderProxy =ALProxy("ALVideoRecorder", IP, PORT)
except Exception, e:
    print "Error when creating ALVideoRecorder proxy:"
    print str(e)
    exit(1)
videoRecorderProxy.setFrameRate(10.0)
videoRecorderProxy.setResolution(2)        #设置分辨率640×480
videoRecorderProxy.startRecording("/home/nao/recordings/cameras", "test")
print "Video record started."
time.sleep(5)                              #录制5s视频
videoInfo =videoRecorderProxy.stopRecording()
                                #返回值为[numRecordedFrames, recordAbsolutePath]
print "Video was saved on the robot: ", videoInfo[1]
                                           # /home/nao/recordings/cameras/test.avi
print "Total number of frames: ", videoInfo[0]
```

6.2　ALVideoDevice

ALVideoDevice 模块负责对从相机获取的源图像进行前期处理,是其他视觉模块的基础。

6.2.1　ALVideoDevice 功能

ALVideoDevice 模块向其他的视觉模块（ALFaceDetection、ALVisionRecognition 等）提供所需图像时,需要完成将 YUV 图像转换成其他色彩空间图像、向 ARV 视频文件添加时间戳、封装图像数据等处理工作。

1. 色彩空间转换

NAO 机器人相机使用的图像传感器为 MT9M114,相机驱动程序输出 YUV 图像。对某些视觉模块（如人脸识别模块 ALFaceDetection）来说,所处理的是其他色彩空间的图像。视觉模块订阅 ALVideoDevice 模块,ALVideoDevice 模块将相机获取的 YUV 图像数据流变换成所需要的格式。如果视觉模块需要的就是 YUV 格式,则可以直接从本地访问原始数据。视觉模块体系结构如图 6.6 所示。

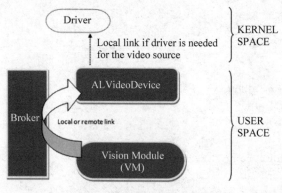

图 6.6　视觉模块体系结构

2. 效率

由于设备直接输出的是 YUV422 图像,因此,使用 YUV422 色彩空间图像效率最高,处理时间最小,其他色彩空间处理时间依次为：YUV422＜Yuv＜YUV＜RGB/BGR＜HSY。

NAO 的 CPU 处理能力有限,在网络带宽较低时,远程传送时每秒实际的最大帧数会小于 30,并且分辨率越大,帧数越少。

3. 图像封装数据格式

ALVideoDevice 模块将图像数据封装为 ALImage 列表结构如下。

image[0]：整数,图像宽度

image[1]：整数,图像高度

image[2]：整数,图像层数,像素字节数

image[3]：整数,色彩空间

image[4]：整数,时间戳(s)

image[5]：整数,时间戳(ms)

image[6]：整数,图像数据

image[7]：整数,相机 ID

image[8]：浮点数,相机左视角(弧度),视角缩写为 FOV

image[9]：浮点数,相机上视角(弧度)

image[10]：浮点数,相机右视角(弧度)

image[11]：浮点数,相机下视角(弧度)

6.2.2　订阅图像

ALVideoDevice 模块是视觉模块中最复杂、方法最多的模块,包括一些弃用的方法在内共有 100 多种方法,这些方法可以分为订阅管理、相机管理、单数据流管理和多数据

流管理等类别。

1. 订阅图像相关方法

ALVideoDevice 订阅图像相关方法如表 6.5 所示。

表 6.5　ALVideoDevice 订阅图像相关方法

方 法 名	功 能	说　　明
setActiveCamera(activeCamera)	设置拍照相机	activeCamera 取 0 为上相机,取 1 为下相机
subscribeCameras(name, cameraIndexes, resolutions, colorSpaces, fps)	订阅拍摄,图像存储在缓冲区	name 为订阅模块名,cameraIndexes 为相机 ID,resolutions 为分辨率 ID,colorSpaces 为色彩空间 ID,fps 为帧率
getImageRemote(handle)	远程获取视频源最后拍摄的图像	handle 为订阅模块标识,返回值为列表
getImageLocal(handle)	本地获取视频源最后拍摄的图像	handle 为订阅模块标识,近回值为指针类型
unsubscribe(handle)	解除订阅	handle 为订阅模块标识
releaseImage(handle)	释放图像缓存	handle 为订阅模块标识
getActiveCamera()	获取当前使用相机 ID	
openCamera(cameraIndex)	打开并初始化视频设备	cameraIndex 为相机 ID
closeCamera(cameraIndex)	关闭视频设备,释放资源	cameraIndex 为相机 ID

2. 订阅图像流程

(1) 订阅 ALVideoDevice 模块。调用 ALVideoDevice 模块代理对象的 subscribeCamera()方法,传递分辨率、颜色空间和帧速率等参数。

(2) 获取图像。调用 getImageRemote()或 getImageLocal()方法(取决于模块是本地的还是远程的)。

(3) 释放图像。调用 releaseImage()方法。

(4) 解除订阅。调用 unsubscribe()方法。

代码清单 6-3　订阅并保存照片(远程获取图像)

```
#coding=utf-8
import sys
import time
import Image      #Python Image Library
from naoqi import ALProxy
def showNaoImage(IP, PORT):
    camProxy =ALProxy("ALVideoDevice", IP, PORT)
```

```
        resolution = 2          #VGA
        colorSpace = 11         #RGB
        videoClient = camProxy.subscribe("python_client", resolution, colorSpace, 5)
        t0 = time.time()
        naoImage = camProxy.getImageRemote(videoClient)
        t1 = time.time()
        print "acquisition delay ", t1 - t0
        camProxy.unsubscribe(videoClient)
        imageWidth = naoImage[0]
        imageHeight = naoImage[1]
        array = naoImage[6]                      #图像列表结构中图像数据
        img = Image.fromstring("RGB", (imageWidth, imageHeight), array)
        img.save("camImage.png", "PNG")          #保存图像
        img.show()
    if __name__ == '__main__':
        IP = "192.168.1.170"                     #替换成所用机器人 IP 地址
        PORT = 9559
        naoImage = showNaoImage(IP, PORT)
```

程序中使用了 PIL 库,安装方法参见附录 F。程序运行后,订阅 ALVideoDevice 模块,远程获取图像,并以 camImage.png 保存在本地。输出的时间差为秒级。

getImageRemote()方法获取 ALImage 列表结构的图像数据,其中第 6 个元素为图像数据。由于订阅的色彩空间为 RGB,图像数据每个像素 3 字节依次为 R、G、B 值。图像处理库 Image 的 fromstring 方法将图像数据按照 RGB 模式及指定的宽、高转换为 Image 图像对像 img。img 既可以做保存、显示操作,也可以访问 img 中的每个像素,针对像素做相应运算。

下面以计算红球中心为例说明访问像素方法。

代码清单 6-4   处理图像数据(计算红球中心)

```
import Image
class MyClass(GeneratedClass):
    def __init__(self):
        GeneratedClass.__init__(self)
        self.camProxy = ALProxy("ALVideoDevice")
    def onLoad(self):
        pass
    def onUnload(self):
        pass
    def onInput_onStart(self):
        self.camProxy.setActiveCamera(1)
        resolution = 2      #VGA
        colorSpace = 11     #RGB
        subscriberID = "subscriberID"
```

```
            subscriberID=self.camProxy.subscribeCamera(subscriberID,1,
                    resolution,colorSpace,5)
            naoImage=self.camProxy.getImageRemote(subscriberID)
            self.camProxy.releaseImage(subscriberID)
            self.camProxy.unsubscribe(subscriberID)
            imageWidth=naoImage[0]
            imageHeight=naoImage[1]
            array=naoImage[6]
            img=Image.fromstring("RGB",(imageWidth,imageHeight),array)
            sumi=0
            sumj=0
            count=0
            for i in range(0,480):
                for j in range(0,640):
                    p=img[i*640+j]              #获取像素,包括表示 R、G、B 颜色的连续 3 字节
                    if p[0]-p[1]>60 and p[0]-p[2]>60:   #红色分量大于绿色和蓝色分量一定值
                        sumi=sumi+i
                        sumj=sumj+j
                        count=count+1
            if count>0:
                y=sumi/count                    #球心位置
                x=sumj/count
                self.logger.info("y:"+str(y)+" x:"+str(x))
            pass
        def onInput_onStop(self):
            self.onUnload()
            self.onStopped()
```

6.3 视频检测

视频检测包括 ALRedBallDetection（检测红球）、ALLandMarkDetection（标识检测）、ALMovementDetection（运动检测）、ALBarcodeReader（检测并读取二维码）等。

6.3.1 Extractor

视频检测及类似的感知模块有十几种，这些模块的方法很多是相同的，如都有 subscribe()方法和 unsubscribe()方法。NAOqi 使用 ALExtractor 类提供这些通用方法，作为视频检测及感知类的基类。

1. ALExtractor

ALExtractor 的基类是 ALModule，除了其继承的 ALModule 的所有方法外，还提供了表 6.6 所示方法。

表 6.6　ALExtractor 方法

方 法 名	功 能	说 明
subscribe(subscribedName, period, precision)	用指定的周期和精确度订阅 Extractor，开始周期性处理数据并将数据发布到 ALMemory 中	subscribedName 为订阅标识，period 为订阅周期（ms），precision 为精确度
subscribe(subscribedName)	使用默认的周期(30)和精确度(1)订阅 Extractor	subscribedName 为订阅标识
unsubscribe(subscribedName)	解除指定的订阅	subscribedName 为订阅标识
updatePeriod(subscribedName, period)	更新订阅周期	subscribedName 为订阅标识，period 为新的订阅周期(ms)
updatePrecision(subscribedName, precision)	更新订阅精确度	subscribedName 为订阅标识，precision 为精确度
getCurrentPeriod()	获取当前 Extractor 订阅周期	返回所有订阅标识的最小周期
getCurrentPrecision()	获取当前 Extractor 订阅精确度	返回所有订阅标识的最高精确度
getEventList()	获取 Extractor 产生的事件列表	返回事件名称列表
getMemoryKeyList()	获取由 Extractor 修改的 ALMemory 键列表	返回键名称列表
getMyPeriod(subscribedName)	获取指定标识的当前订阅周期	返回当前周期
getMyPrecision(subscribedName)	获取指定标识的当前订阅精确度	返回当前精确度
getSubscribersInfo()	获取订阅标识信息（名称、周期、精确度）	返回信息列表

以 ALExtractor 为基类的模块包括 ALCloseObjectDetection，ALEngagementZones，ALSonar，ALLandMarkDetection，ALPeoplePerception，ALSittingPeopleDetection，ALVisualSpaceHistory，ALWavingDetection，ALFaceDetection，ALGazeAnalysis，ALRedBallDetection，ALVisionRecognition。类继承关系如图 6.7 所示。

2. ALVisionExtractor

ALVisionExtractor 的基类是 ALExtractor，除了其继承的 ALExtractor 和 ALModule 的所有方法外，还提供了表 6.7 所示方法。

表 6.7　ALVisionExtractor 方法

方 法 名	功 能	说 明
setFrameRate(pSubscribedName, framerate)	为指定的订阅者设置帧率	pSubscribedName 为订阅标识，framerate 为帧率
setFrameRate(framerate)	为所有的订阅者设置帧率	framerate 为帧率
setResolution(resolution)	为 extractor 指定分辨率	resolution 为新分辨率
setActiveCamera(cameraID)	设置使用的相机	cameraID：0，上部相机，1，下部相机

续表

方 法 名	功 能	说 明
getFrameRate()	获取 extractor 当前帧率	返回当前最大帧率
getResolution()	获取 extractor 当前分辨率	返回当前分辨率
isProcessing()	获取 extractor 状态	extractor 至少有一个订阅为真
pause(paused)	暂停 extractor 运行	paused 为 True 暂停，False 解除暂停
ispause()	获取 extractor 暂停状态	暂停返回 True

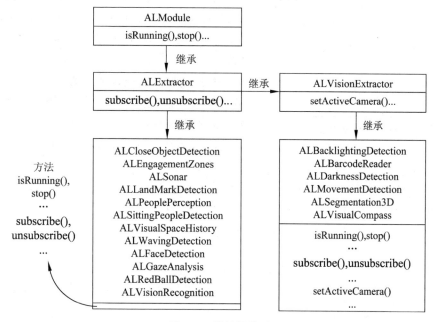

图 6.7 类继承关系

以 ALVisionExtractor 为基类的模块包括 ALBacklightingDetection，ALBarcodeReader，ALDarknessDetection，ALMovementDetection，ALSegmentation3D，ALVisualCompass。

6.3.2 ALRedBallDetection

ALRedBallDetection 模块用于红球检测，是 ALModule 和 ALExtractor 子类。

1. 检测过程

ALRedBallDetection 模块使用 YUV 颜色空间，检测相机获取图像中的红色像素。检测时先计算像素与红色的距离，如果距离落入预先计算出的检测阈值范围，将像素加入红色像素集合中。然后，从所有检测到的红色像素集合中，只保留那些定义圆形形状的像素。在当前图像上找到一组像素时，更新 ALMemory 键 redBallDetected。

2. 数据结构

redBallDetected 键中存储列表格式为：

[TimeStamp,BallInfo,CameraPose_InTorsoFrame,CameraPose_InRobotFrame,
Camera_ID]

其中，TimeStamp 为识别时间，包括秒和毫秒两部分：

[TimeStamp_Seconds,Timestamp_Microseconds]

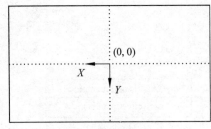

图 6.8　角度坐标

BallInfo 结构为 [centerX, centerY, sizeX, sizeY]，其中，centerX，centerY 是球心的角坐标（弧度），sizeX，sizeY 为球水平和垂直方向半径（弧度）。

角度的原点是图像的中心。centerX 对应于沿 Z 轴的直接（逆时针）旋转，centerY 对应于沿 Y 轴的直接旋转，如图 6.8 所示。

CameraPose_InTorsoFrame：拍摄时相机在以躯干为参照的 Position6D(X,Y,Z 方向位移与角度)。

CameraPose_InRobotFrame：拍摄时相机在以机器人为参照的 Position6D。

Camera_ID：检测的相机 ID(上部为 0，下部为 1)。

3. 方法与事件

ALRedBallDetection 继承 ALModule 和 ALExtractor 父类方法。

检测到红球时产生 redBallDetected 事件，每当检测到红球调用 callback(eventName, value, subscriberIdentifier)。

eventName，事件名称，为 redBallDetected。

value，检测红球相关信息，列表内容为 redBallDetected 键。

subscriberIdentifier，订阅标识。

4. 订阅 ALRedBallDetection

启动红球检测功能，需要使用 ALRedBallDetection 代理订阅 ALRedBallDetection 模块。

代码清单 6-5　订阅 ALRedBallDetection

```
#coding=utf-8
from naoqi import ALProxy
IP="192.168.1.170"                      #将"192.168.1.170"替换成所用机器人IP
PORT=9559
redBallProxy =ALProxy("ALRedBallDetection", IP, PORT)
camProxy =ALProxy("ALVideoDevice", IP, PORT)
```

```
memoryProxy =ALProxy("ALMemory", IP, PORT)
camProxy.setActiveCamera(1)          #使用下部相机
period =500
redBallProxy.subscribe("Test_RedBall", period, 0.0)   #订阅 ALRedBallDetection 模
                                                        块,周期为 0.5s
memValue ="redBallDetected"
time.sleep(0.5)                       #延时 0.5s
val =memoryProxy.getData(memValue)
if(val  and  isinstance(val, list)   and  len(val) >=2):   #判断是否检测到红球
    timeStamp =val[0]                 #结果列表的第 0 个元素为时间信息
    ballInfo =val[1]                  #结果列表的第 1 个元素为球信息
    try:
        print "centerX=",ballInfo[0],"centerY=",ballInfo[1]
        print "sizeX=",ballInfo[2],"sizeY=",ballInfo[3]
    except Exception, e:
        print "RedBall detected, but it seems getData is invalid. ALValue ="
        print val
        print "Error msg %s" %(str(e))
else:
    print "Error with getData. ALValue =%s" %(str(val))
redBallProxy.unsubscribe("Test_RedBall")
```

period 参数指定调用 ALRedBallDetection 检测方法的周期(ms),并将结果输出到键名为 redBallDetected 的 ALMemory 变量中。

订阅 ALRedBallDetection 模块后,ALRedBallDetection 就会开始运行。ALRedBallDetection 模块将其结果写入 ALMemory 的键 redBallDetected 中,可以周期调用 ALMemory 代理的 getData("redBallDetected")方法察看 redBallDetected 变量。

5. 求红球距离

ALRedBallDetection 模块测量角度如图 6.9 所示。

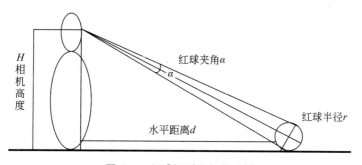

图 6.9　红球识别几何关系图

设红球半径为 r,且 r 远小于相机高度 H,相机与球间距离为:
$$f = r/\sin(\alpha/2)$$

机器人与球间距离为：
$$d = \sqrt{(f^2 - H^2)}$$
其中，$a/2$ 为 sizeY。将 ballInfo[3]、r 和 H 代入上面公式，即可求出红球与机器人两脚中心之间的距离（sin()函数和 sqrt()函数在 math 包中）。

6. 事件编程

在自定义模块中定义事件代码，参数为 redBallDetected 事件 callback() 函数参数。

代码清单 6-6　使用 ALRedBallDetection 事件

```
#coding=utf-8
testName ="python: vision_onRedBallDataChange: "
import sys
import time
import math
from naoqi import ALProxy, ALModule, ALBroker
IP="192.168.1.170"                          #将"192.168.1.170"替换成所用机器人 IP
PORT=9559
class RedBallHandlerModule(ALModule):
    def onRedBallChange(self, dataName, value, msg):   #参数为 callback 函数参数
        print str(value)                    #value 为 redBallDetected 键内容
        if (len(value) !=0):
            print "We detected redBall !"
testFailed =0
broker=ALBroker("pythonBroker","0.0.0.0",0, IP,PORT)
                                            #参见图 5.6,生成代理为本地 IP,随机端口
redBallProxy =ALProxy("ALRedBallDetection", IP, PORT)
camProxy =ALProxy("ALVideoDevice", IP, PORT)
camProxy.setActiveCamera(1)
subscriptionPeriod =500
print "%s : Subscribe to the ALLandMarkDetection proxy..." %(testName)
try:
    redBallProxy.subscribe("Test_RedBall",subscriptionPeriod , 1.0 )
    print "%s : Subscribe to the ALRedBallDetection proxy... OK" %(testName)
except Exception, e:
    print "%s Error :" %(testName)
    print str(e)
    testFailed =1
memValue ="redBallDetected"
try:
    redBallHandlerName ="redBallHandler"
    redBallHandler =RedBallHandlerModule(redBallHandlerName)
    memoryProxy =ALProxy("ALMemory")        #使用本地 Broker
    memoryProxy.subscribeToEvent (memValue, redBallHandlerName,
```

```
                            "onRedBallChange")
        time.sleep(20)                #红球识别时间为20s,识别到红球后,产生事件
        memoryProxy.unsubscribeToEvent(memValue, redBallHandlerName)
        broker.shutdown()
except Exception, e:
        print "%s Error:" %(testName)
        print str(e)
        testFailed =1
if (testFailed ==1):
        print "%s : Failed" %(testName)
        exit(1)
print "%s : Success" %(testName)
```

6.3.3 ALLandMarkDetection

LandMark 是机器人使用的一种用于识别位置的标记,4 个标记放置在蓝色立方体的 4 个侧面。机器人放置在 LandMark 一侧,识别出是哪个标记,就能够知道机器人处在什么方位。LandMark 标记示例如图 6.10 所示。

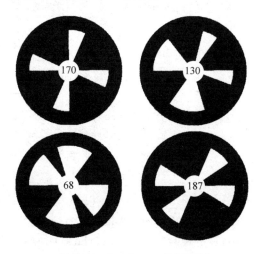

图 6.10　LandMark 标记示例

1. 检测过程

LandMark 图案由蓝色圆形和中心是白色的三角扇形组成。LandMark 模块使用 ALVideoDevice 模块获取图像,再从图像中识别 LandMark 图案。LandMark 模块经过 broker 向 ALVideoDevice 发送订阅请求,参数包括订阅标识、分辨率、帧率、色彩空间。ALVideoDevice 在数据库中查找发送订阅请求的 LandMark 模块需要什么样的内容。将从驱动程序获取的原始图像数据封装成所需要的数据格式后,交付给 LandMark 模块。LandMark 模块识别 LandMark 图案后,更新 ALMemory 键 LandMarkDetected。

2. 数据结构

LandMarkDetected 键中存储列表格式为：

`[[TimeStampField][Mark_info_0,Mark_info_1,...,Mark_info_N-1]]`

其中，TimeStamp 为识别时间，包括秒和毫秒两部分：

`[TimeStamp_Seconds,Timestamp_Microseconds]`

Mark_info 结构为 [ShapeInfo，ExtraInfo]。其中，ShapeInfo 为 [1, alpha, beta, sizeX, sizeY, heading]，alp heading ha 和 beta 为以相机角度表示的 LandMark 位置，sizeX 和 sizeY 是相机角度表示的 LandMark 大小，heading 为 LandMark 相对于机器人头部的垂直轴方向角度。ExtraInfo = [MarkID]，MarkID 是每幅图案的编号。

3. 订阅 ALLandMarkDetection

要启动 Naomark 检测功能，使用 ALLandMarkDetection 代理订阅 ALLandMarkDetection 模块。

代码清单 6-7　订阅 ALLandMarkDetection

```
#coding=utf-8
from naoqi import ALProxy
IP="192.168.1.170"                    #将"192.168.1.170"替换成所用机器人IP
PORT =9559
markProxy =ALproxy("ALLandMarkDetection", IP, PORT)
                                      #Create a proxy to ALLandMarkDetection
period =500                           #Subscribe to the ALLandMarkDetection extractor
markProxy.subscribe("Test_Mark", period, 0.0)
```

period 参数指定调用 ALLandMarkDetection 检测方法的周期（ms），并将结果输出到键名为 LandmarkDetected 的 ALMemory 变量中。

订阅 ALLandMarkDetection 模块后，ALLandMarkDetection 就会开始运行。

ALLandMarkDetection 模块将其结果写入 ALMemory 的键 LandmarkDetected 中，可以周期调用 ALMemory 代理的 getData("LandmarkDetected") 方法察看 LandmarkDetected 变量。

代码清单 6-8　获取 ALLandMarkDetection 结果

```
#coding=utf-8
from naoqi import ALProxy
IP="192.168.1.170"                    #将"192.168.1.170"替换成所用机器人IP
PORT =9559
memProxy =ALProxy("ALMemory", IP, PORT)
data =memProxy.getData("LandmarkDetected")    #获取结果
```

检测 LandMark 并打印相关信息代码如下。

代码清单 6-9　检测 ALLandMarkDetection 结果

```python
#coding=utf-8
import time
from naoqi import ALProxy
IP="192.168.1.170"                          #将"192.168.1.170"替换成所用机器人IP
PORT =9559
try:
    landMarkProxy =ALProxy("ALLandMarkDetection", IP, PORT)
except Exception, e:
    print "Error when creating landmark detection proxy:"
    print str(e)
    exit(1)
period =500
landMarkProxy.subscribe("Test_LandMark", period, 0.0 )
memValue ="LandmarkDetected"
try:
    memoryProxy =ALProxy("ALMemory", IP, PORT)
except Exception, e:
    print "Error when creating memory proxy:"
    print str(e)
    exit(1)
for i in range(0, 20):
    time.sleep(0.5)
    val =memoryProxy.getData(memValue)
    print ""
    print "*****"
    print ""
    if(val and isinstance(val, list) and len(val) >=2):
        timeStamp =val[0]
        markInfoArray =val[1]
        try:
            for markInfo in markInfoArray:
                markShapeInfo =markInfo[0]
                markExtraInfo =markInfo[1]
                print "mark ID: %d" %(markExtraInfo[0])
                print "alpha %.3f -beta %.3f" %(markShapeInfo[1],
                    markShapeInfo[2])
                print "width %.3f -height %.3f" %(markShapeInfo[3],
                    markShapeInfo[4])
        except Exception, e:
            print "Naomarks detected, but it seems getData is invalid. ALValue="
            print val
```

```
            print "Error msg %s" %(str(e))
    else:
        print "No landmark detected"
landMarkProxy.unsubscribe("Test_LandMark")
print "Test terminated successfully."
```

LandMark 定位的代码如下。

代码清单 6-10　定位 LandMark

```
#coding=utf-8
from naoqi import ALProxy
import math
import almath
IP="192.168.1.170"                          #将"192.168.1.170"替换成所用机器人 IP
landmarkTheoreticalSize =0.06               #in meters
currentCamera ="CameraTop"
memoryProxy =ALProxy("ALMemory", ip, 9559)
landmarkProxy =ALProxy("ALLandMarkDetection", ip, 9559)
landmarkProxy.subscribe("landmarkTest")
markData =memoryProxy.getData("LandmarkDetected")
while (markData is None or len(markData) ==0):
    markData =memoryProxy.getData("LandmarkDetected")
wzCamera =markData[1][0][0][1]
wyCamera =markData[1][0][0][2]
angularSize =markData[1][0][0][3]
distanceFromCameraToLandmark =landmarkTheoreticalSize / ( 2 * math.tan
    (angularSize / 2))
motionProxy =ALProxy("ALMotion", ip, 9559)
transform =motionProxy.getTransform(currentCamera, 2, True)
transformList =almath.vectorFloat(transform)
robotToCamera =almath.Transform(transformList)
cameraToLandmarkRotationTransform =almath.Transform_from3DRotation
    (0, wyCamera, wzCamera)
cameraToLandmarkTranslationTransform =almath.Transform
    (distanceFromCameraToLandmark, 0, 0)
robotToLandmark =robotToCamera * cameraToLandmarkRotationTransform
    * cameraToLandmarkTranslationTransform
print "x " +str(robotToLandmark.r1_c4) +" (in meters)"
print "y " +str(robotToLandmark.r2_c4) +" (in meters)"
print "z " +str(robotToLandmark.r3_c4) +" (in meters)"
landmarkProxy.unsubscribe("landmarkTest")
```

6.3.4　ALBarcodeReader

ALBarcodeReader 模块用于读取二维码中存储的信息。二维码又称二维条码,可以存储文字、网站地址、图片等信息。ALBarcodeReader 模块处理的二维码为 QR Code，QR 全称 Quick Response，是近几年移动设备上流行的一种编码方式，相比传统的 Bar Code 条形码，这能存储更多的信息，也能表示更多的数据类型。图 6.11 所示为嵌入 BarcodeReader 字符的二维码。

1．检测过程

ALBarcodeReader 扫描摄像机中的图像并查找二维码。如果在图像中找到二维码，则模块会尝试对其进行解码。

提取出二维码中存储的数据后，更新 ALMemory 键 BarcodeReader/BarcodeDetected。

图 6.11　二维码（内嵌 "BarcodeReader"）

2．数据结构

BarcodeReader/BarcodeDetected 键中存储列表格式为：

```
[CodeData0, CodeData1,…, CodeDataN-1]
```

CodeData 包含二维码中所嵌的数据（字符串）和二维码在图像中的位置。

```
CodeData=[Data,Position]
```

其中，Position 为二维码 4 个角（左上、左下、右下、右上）在图像中的位置。

```
Position=[[x0,y0],[x1,y1],[x2,y2],[x3,y3]]
```

3．事件

检测到二维码后，产生 BarcodeReader/BarcodeDetected 事件。
调用 callback(eventName, value, subscriberIdentifier)方法：
eventName，事件名称，为 BarcodeReader/BarcodeDetected；
value，检测到二维码信息，列表内容为 BarcodeReader/BarcodeDetected 键；
subscriberIdentifier，订阅标识。

4．订阅 ALBarcodeReader

要启动二维码检测功能，使用 ALBarcodeReader 代理订阅 ALBarcodeReader 模块。读取二维码信息可以采用如下两种方式。

（1）周期读取 ALMemory 的 BarcodeReader/BarcodeDetected 键方式。

代码清单 6-11　订阅 ALBarcodeReader 并周期读取键

```
#coding=utf-8
from naoqi import ALProxy
import time
IP="192.168.1.170"                    #将"192.168.1.170"替换成所用机器人 IP
```

```
barcode=ALProxy("ALBarcodeReader",IP, 9559)
barcode.subscribe("test_barcode")          #使用默认订阅周期 30ms
memory=ALProxy("ALMemory",IP, 9559)
for i in range(20):                        #查询 20 次
    data =memory.getData("BarcodeReader/BarcodeDetected")
    print data
    time.sleep(1)
```

程序运行后,将图 6.11 所示二维码图片放置在当前使用相机正前方,并调整图片位置,使二维码完整进入相机视野。输出结果为:

```
[]
[['BarcodeReader', [[29.0, 10.0], [39.0, 85.0], [106.0, 87.0], [116.0, 13.0]]]]
[]
```

(2) 在事件中读取二维码信息。

代码清单 6-12　使用 ALBarcodeReader 事件

```
from naoqi import *
import time
IP="192.168.1.170"                         #将"192.168.1.170"替换成所用机器人 IP
barcode=ALProxy("ALBarcodeReader", IP, 9559)
memory=ALProxy("ALMemory", IP, 9559)
broker =ALBroker("pythonBroker","0.0.0.0", 0, ROBOT_IP, 9559)
class myEventHandler(ALModule):
    def myCallback(self, key, value, msg):
        print "Received \"" +str(key) +"\" event with data: " +str(value)
handlerModule =myEventHandler("handlerModule")
memory.subscribeToEvent("BarcodeReader/BarcodeDetected", "handlerModule",
"myCallback")
time.sleep(20) #Keep the broker alive for 20 seconds
memory.unsubscribeToEvent("BarcodeReader/BarcodeDetected", "handlerModule")
```

6.3.5　ALFaceDetection

ALFaceDetection 模块用于检测/识别人脸,使用 OMRON 的人脸检测/识别方案。

1. 人脸特征与检测过程

人脸由眼睛、鼻子、嘴等部分构成,对各个部分和它们之间结构关系的几何描述可作为识别人脸的重要特征。ALFaceDetection 模块在图像中检测人脸时,可以检测出人脸及其位置,以及重要面部特征(眼睛、鼻子、嘴)的角度坐标列表。ALFaceDetection 提取的人脸特征如图 6.12 所示。

订阅 ALFaceDetection 模块后,ALFaceDetection 模块利用相机获取图像,使用 OMRON 人脸识别模块在图像中搜索人脸并计算人脸特征值,将特征值结果写入

ALMemory 的 FaceDetected 键中,产生 FaceDetected 事件。

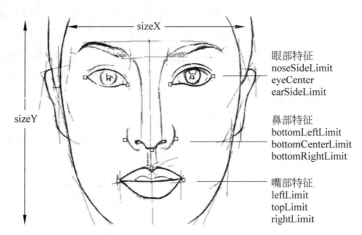

图 6.12　ALFaceDetection 提取的人脸特征

2. 识别

ALFaceDetection 模块不仅能够检测而且可以识别人脸,识别过程分为学习和识别两个阶段。

(1) 学习。学习阶段可以通过 Choregraphe 提供的 Learn Face 指令盒或通过 API 的 learnFace 方法完成,NAO 将识别出的人脸的特征信息存入数据库。

将指令盒库 standard→vision→Learn Face 指令盒拖到流程区,如图 6.13 所示。

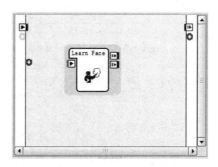

图 6.13　利用 Learn Face 学习流程图

程序运行后,双击 Learn Face 指令盒输入端,在弹出的对话框中输入识别标识(姓名)后,有 5s 的准备时间,此时可以调整人脸或印有人脸的图像在机器人相机前方位置,在视频显示器窗口观察、调整人脸到适当位置。

NAO 启动学习过程,在此期间机器人的眼睛变蓝。

如果机器人在正确的条件下看到脸部(例如脸上没有阴影,没有背光,人不是太远),机器人眼睛会在不到一秒的时间内变绿。

如果几秒后眼睛仍然是蓝色,应该移动人脸位置以改变学习条件。

(2) 识别。在识别阶段,机器人从图像中识别出人脸,返回识别人在数据库中的标识。

识别时首先提取出图像中人脸的特征值，与数据库中存储的人脸特征数据进行比对。计算出数据库中的每个人脸的匹配度，匹配度取值范围[0,1]，匹配度越高意味着确定性越高。ALFaceDetection模块默认匹配确认阈值为0.4，提高阈值可以提高识别准确率，降低出错率，但识别率会下降，可能难以获得任何结果。阈值设置较低时模块通常能够有返回结果，但有可能是错误的。

NAO只在第一次识别出人脸时才输出识别人的标识，并将信息暂存。只要NAO不断检测并识别出该脸，暂存信息不变。超过4s没有检测到任何面部，暂存信息清除。NAO再次识别出人脸时，将再次输出识别人标识。

在Choregraphe中将指令盒库standard→vision→Face Reco指令盒拖到流程区。在流程图工作区空白区域右击，选择"创建一个新指令盒"→"Python语言指令盒"，在弹出的对话框中将指令盒命名为say，修改输入点onStart类型为"字符串"，连接流程线，如图6.14所示。

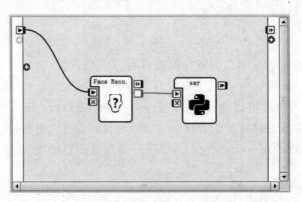

图6.14 人脸识别

代码清单6-13 say指令盒脚本

```
class MyClass(GeneratedClass):
    def __init__(self):
        GeneratedClass.__init__(self)
        self.tts=ALProxy("ALTextToSpeech")
    def onLoad(self):
        pass
    def onUnload(self):
        pass
    def onInput_onStart(self, p):
        self.tts.say(p)
        pass
    def onInput_onStop(self):
        self.onUnload()
        self.onStopped()
```

在学习阶段,如果学习每个人脸时所输入的标识为姓名,运行程序后,NAO 将识别并说出所看到人的姓名。

3. 数据结构

在产生 FaceDetected 事件时,得到的数据结构如图 6-15 所示。

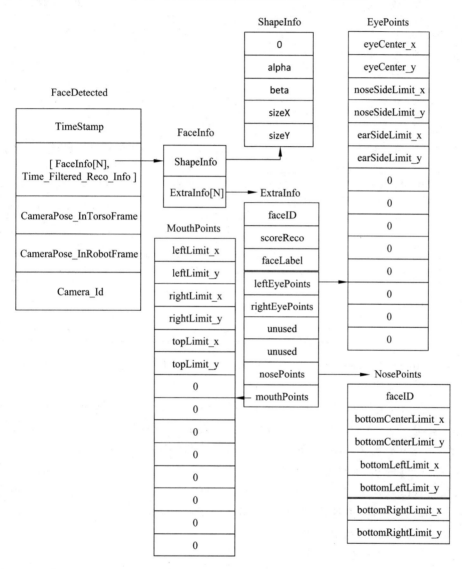

图 6.15 FaceDetected 数据结构

其中,alpha 和 beta 为人脸位置与相机之间角度,sizeX 和 sizeY 为人脸的大小(弧度),scoreReco 为识别过程中返回的匹配度(值越大匹配度越高),faceLabel 为识别人脸的标识。

4. 方法

ALFaceDetection 模块主要方法如表 6.8 所示。

表 6.8 ALFaceDetection 方法

方 法 名	功 能	说 明
clearDatabase()	清除数据库中学习过的人脸信息	操作成功返回 True
forgetPerson(name)	清除数据库中与指定人相关的所有学习数据	name 为人脸标识,操作成功返回 True
getLearnedFacesList()	返回数据库中人脸标识列表	
getRecognitionConfidenceThreshold()	返回当前人脸识别阈值	
setRecognitionConfidenceThreshold(threshold)	设置人脸识别阈值	threshold 取值[0,1],阈值默认值为 0.4
isRecognitionEnabled()	返回是否启动人脸识别	默认为 True
setRecognitionEnabled(enable)	启用/禁用人脸识别	enable 为 True,允许识别;为 False,禁止识别,默认为 True
isTrackingEnabled()	返回是否启动跟踪	默认为 True
setTrackingEnabled(enable)	启用/禁用人脸跟踪	
learnFace(name)	学习人脸特征,按指定名称存储数据库	name 为待学习人脸标识
reLearnFace(name)	重新学习人脸	name 为待学习人脸标识

下例使用 ALFaceDetection 模块方法做人脸识别,并将人脸特征值(部分)存储到文件中。

(1)选择指令盒库 standard→Sensing→Tactile Head 指令盒,拖拽到流程区,选择指令盒库 standard→Data Edit→Text Edit 指令盒,拖拽到流程区。新建 3 个 Python 语言指令盒,分别命名为 MyLearnFace、saveFace 和 MyFaceReco。将 MyLearnFace、saveFace 指令盒的 onStart 输入端类型修改为"字符串"型。连接流程线,如图 6.16 所示。其中,MyLearnFace 指令盒用于学习人脸数据,并将数据存入数据库,saveFace 指令盒将检测到的人脸特征值存储到文件中,MyFaceReco 指令盒用于识别,Text Edit 指令盒用于输入识别人脸的标识(姓名)。

(2)分别为 3 个指令盒编写代码。

代码清单 6-14 saveFace 指令盒脚本

```
import time
class MyClass(GeneratedClass):
  def __init__(self):
    GeneratedClass.__init__(self)
    self.face=ALProxy("ALFaceDetection")
```

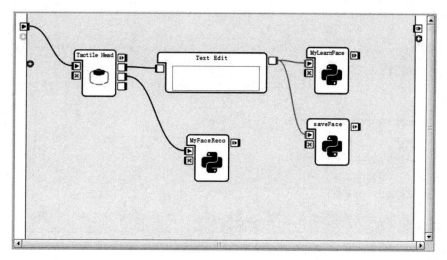

图 6.16 人脸识别

```
  self.memory=ALProxy("ALMemory")
  self.tts=ALProxy("ALTextToSpeech")
def onLoad(self):
  pass
def onUnload(self):
  pass
def onInput_onStart(self,p):
  period =500
  self.face.subscribe("Test_Face", period, 0.0 )
  memValue ="FaceDetected"
  for i in range(0, 20):
      time.sleep(0.5)
      val =self.memory.getData(memValue)
      if(val and isinstance(val, list) and len(val) >=2):
          self.logger.info("i got face")
          faceInfoArray =val[1]
          for j in range( len(faceInfoArray)-1 ):
              faceInfo =faceInfoArray[j]
              faceShapeInfo =faceInfo[0]
              faceExtraInfo =faceInfo[1]
              alpha=faceShapeInfo[1]
              beta=faceShapeInfo[2]
              sizex=faceShapeInfo[3]
              sizey=faceShapeInfo[4]
              leftEyePoints=faceExtraInfo[3]
              rightEyePoints=faceExtraInfo[4]
              lefteyecenterx=leftEyePoints[0]
              righteyecenterx=rightEyePoints[0]
```

```python
            with open("/home/nao/face.txt","a+") as f:
                f.write(p+":")
                f.write (str(alpha)+","+str(beta)+","+str(sizex)+
                    ","+str(sizey)+",")
                f.write (str(lefteyecenterx)+","+str(righteyecenterx)+
                    "\r\n")
        self.face.unsubscribe("Test_Face")
        pass
    def onInput_onStop(self):
        self.onUnload()
        self.onStopped()
```

代码清单 6-15   MyLearnFace 指令盒脚本

```python
class MyClass(GeneratedClass):
    def __init__(self):
        GeneratedClass.__init__(self)
        self.face=ALProxy("ALFaceDetection")
    def onLoad(self):
        pass
    def onUnload(self):
        pass
    def onInput_onStart(self,p):
        self.face.learnFace(p)
        pass
    def onInput_onStop(self):
        self.onUnload()
        self.onStopped()
```

代码清单 6-16   MyFaceReco 指令盒脚本

```python
class MyClass(GeneratedClass):
    def __init__(self):
        GeneratedClass.__init__(self)
        self.face=ALProxy("ALFaceDetection")
        self.memory=ALProxy("ALMemory")
        self.tts=ALProxy("ALTextToSpeech")
    def onLoad(self):
        pass
    def onUnload(self):
        pass
    def onInput_onStart(self,p):
        period =500
        self.face.subscribe("Test_Face", period, 0.0 )
        memValue ="FaceDetected"
```

```
            for i in range(0, 20):
                time.sleep(0.5)
                val =self.memory.getData(memValue)
                if(val and isinstance(val, list) and len(val) >=2):
                    self.logger.info("i got face")
                    faceInfoArray =val[1]
                    for j in range( len(faceInfoArray)-1 ):
                        faceInfo =faceInfoArray[j]
                        faceExtraInfo =faceInfo[1]
                        faceLabel=faceExtraInfo[2]
                        self.logger.info(faceExtraInfo[1])
                        if len(faceLabel)>0:
                            self.tts.say(faceLabel)
        self.face.unsubscribe("Test_Face")
        pass
    def onInput_onStop(self):
        self.onUnload()
        self.onStopped()
```

程序运行后执行如下操作：

（1）在 Text Edit 中输入待学习者姓名；

（2）摆正人脸位置，触摸头部前传感器，姓名字符串输入并激活 MyLearnFace 指令盒和 saveFace 指令盒。MyLearnFace 指令盒调用 learnFace 方法学习人脸特征，并将数据保存在数据库中。saveFace 指令盒订阅 ALFaceDetection 模块，订阅周期为 0.5s。每隔 0.5s，读取 ALMemory 的 FaceDetected 键中保存的人脸数据，并将特征数据以特定格式保存在文件中。

（3）触摸头部中间传感器，进入识别状态。MyFaceReco 指令盒订阅 ALFaceDetection 模块，从 ALMemory 读取 FaceDetected 键中保存的检测到的人脸数据，如果识别出的 faceLabel 不为空，"说出"看到的人是谁。

6.4 视频识别

NAO 能够识别事先学习过的图片、物体、人的面部，甚至是定位，识别模块是 ALVisionRecognition。ALVisionRecognition 模块利用视觉关键特征进行识别，仅用于识别先前已学习的特定对象。

6.4.1 识别过程

1. 学习过程

NAO 学习识别对象，抽取识别对象的关键特征并存储，Choregraphe 提供了一个学习工具，在视频显示器窗口进行学习。学习过程包括标定学习对象、特征提取、指定对象名称和方位、存储、将数据库导入机器人等步骤。

2. 识别过程

将识别对象的关键特征与数据库中存储的关键特征比对,如果匹配,则匹配特征数量加1,如果与数据库中的两个对象的特征值非常接近,则该特征值不计入这两个对象的匹配特征数量。

识别结果存放在 ALMemory 的 PictureDetected 键中。

ALVisionRecognition 模块的识别能力在距离(可以是学习距离的 0.5 倍～2 倍)、角度(与正面学习对象最多侧斜 50°)、光线条件及旋转等方面健壮性较好。另外,学习对象可以是部分学习。

3. 数据结构

如果没有识别任何对象,PictureDetected 键内容为空。更确切地说,是一个空列表。
如果识别出对象,PictureDetected 键中存储数据结构为:

[[TimeStamp],[Picture_info_0,Picture_info_1,…,Picture_info_N]]

其中,N 为当前识别出的对象数量。

(1) TimeStampField 列表,表示执行识别图像的时间,包括秒和毫秒两部分:

[TimeStamp_seconds,Timestamp_microseconds];

(2) Picture_info 列表为识别出的对象列表,每个 Picture_info 也是一个列表,结构为:

[[labels_list],matched_keypoints,ratio,[boundary_points]]

其中,labels_list 为识别出的图像名称列表,如["cup","my book"];

matched_keypoints 为在当前帧中识别出对象的特征数量;

ratio 为匹配率,是当前图像中找到的图片特征数量除以学习阶段获得的特征数量的值;

boundary_points 为边界点列表,是对象在学习阶段选择的边界点在当前图像的映射,以角度表示,结构为:

[[x0,y0],[x1,y1],…]

6.4.2 使用 Vision Reco.指令盒进行视觉识别

1. 学习识别对象

(1) 连接实体机器人,打开视频显示器窗口。如果视频显示器窗口在 Choregraphe 上未显示,选择"视图"→"视频显示器",视频显示器窗口中显示相机拍摄图像的预览。

(2) 单击学习按钮 ,一个 4s 的倒计时开始,此时可调整学习对象位置。计时结束后,相机开始按 320×240 分辨率捕获图像。

(3) 选择识别对象的多个边界点依次单击,画出识别对象的识别轮廓,如图 6.17 所示。

(4) 轮廓线闭合后,在弹出的窗口中输入识别对象名称和方位名称。单击"确定"按钮并确认信息后,Choregraphe 将抽取选定图像的关键特征。

(5) 单击 ▶ 按钮学习下一识别对象。学习完成后,单击 ⊡ 按钮将视觉识别数据库导出到本地计算机上。单击 ⓒ 按钮将当前的视觉识别数据库上传到机器人上。

图 6.17　画识别对象轮廓

2. 视觉识别

Choregraphe 提供了 Vision Reco. 指令盒用于视觉识别,指令盒将相机采集的图像与机器人视觉识别数据库中的已知对象进行比对,输出识别出的对象。

Vision Reco. 指令盒包括两个输出端,onPictureLabel 输出端在识别出对象后,输出对象的方位和名称,类型为字符串;onNoPicture 输出端对应找不到识别对象,类型为激活型。

6.4.3　ALVisionRecognition

1. 模块方法

ALVisionRecognition 模块只有以下两种针对视觉识别数据库操作的方法。

(1) changeDatabase(databasePath, databaseName)。更换视觉识别数据库,成功返回 True。视觉识别数据库由相同文件名,不同扩展名的多个文件组成,缺省数据库位于 /home/nao/local/share/naoqi/vision/visionrecognition/current 目录下。databasePath 为更换视觉识别数据库的绝对路径,databaseName 为视觉识别数据库名(不含扩展名)。两个参数都取空字符串时,表示使用缺省数据库。

(2) getParam(paramName)。获取参数,返回值为字符串。paramName 取 "db_path" 时,返回值为机器人上视觉识别数据库的绝对路径;取 "db_name" 时,返回值为数据库名。

2. 模块事件

PictureDetected 事件。当识别出以前学过的对象时产生 PictureDetected 事件。

3. 使用 ALVisionRecognition 模块

使用订阅方式订阅 ALVisionRecognition 模块,在识别到结果时产生 PictureDetected 事件,并将结果输出至 ALMemory,以 "PictureDetected" 键存储。

代码清单 6-17　视觉识别

```
import os
import sys
import time
import naoqi
from naoqi import *
period =1000
moduleName ="Python_Reco"
IP ="192.168.1.170"            #替换成所用机器人 IP 地址
PORT =9559
try:
    recoProxy =ALProxy("ALVisionRecognition", IP, PORT)
except RuntimeError,e:
    print "Error when creating ALVisionRecognition proxy:"
    exit(1)
try:
    recoProxy.subscribe(moduleName, period, 0.0)
    except RuntimeError,e:
    print "Error when subscribing to ALVisionRecognition"
    exit(1)
    time.sleep(30)
try:
    recoProxy.unsubscribe(moduleName)
except RuntimeError,e:
    print "Error when unsubscribing from ALVisionRecognition"
    exit(1)
```

第 7 章

传 感 器

NAO 的传感器包括头部、手部、胸部的触摸传感器,红外线,声呐,电池,温度传感器等。本章介绍 NAOqi 系统的 ALSensors、ALBattery、DCM、ALSonar、ALLeds、ALTouch 等相关模块。

7.1 ALSensor

ALSensor 模块负责产生与传感器相应的事件。ALSensor 模块在 ALMemory 中检索传感器数据,并根据传感器取值情况产生事件。

1. 主要方法

表 7.1 为 ALSensor 模块的主要方法。

表 7.1 ALSensor 方法

方 法 名	功 能	说 明
subscribe(name, period, precision)	订阅 Extractor。Extractor 将信息写入内存键中,使用 ALMemory 的 getData ("keyName")方法在内存中访问。调用提供回调方法的 ALMemory. subscribeToEvent(),可以避免在提取器上调用 subscribe。将自动订阅提取器	name 为订阅标识,period 为订阅周期(ms), precision 为精确度
unsubscribe(name)	解除指定的订阅	name 为订阅标识
updatePeriod(name, period)	更新订阅周期	name 为订阅标识,period 为新的订阅周期(ms)
updatePrecision(name, precision)	更新订阅精确度	name 为订阅标识,precision 为精确度
getCurrentPeriod()	获取当前 Extractor 订阅周期	返回所有订阅标识的最小周期
getCurrentPrecision()	获取当前 Extractor 订阅精确度	返回所有订阅标识的最高精确度
getOutputNames()	获取 ALMemory 中更新值列表	返回在 ALMemory 中 extractor 更新值列表

续表

方法名	功能	说明
run()	监测传感器	
getMyPeriod(subscribedName)	获取指定标识的当前订阅周期	返回当前周期
getMyPrecision(subscribedName)	获取指定标识的当前订阅精确度	返回当前精确度
getSubscribersInfo()	获取订阅标识信息(名称、周期、精确度)	返回信息列表

2. 主要事件

BodyStiffnessChanged 在当身体刚度(所有关节的平均值)发生显著变化时产生。
回调函数 callback(eventName,val,subscriberIdentifier)。
eventName 为 BodyStiffnessChanged;
val 可以取如下 3 个值。
0,刚度均值小于 0.05;
1,刚度均值大于 0.05,小于 0.95;
2,刚度均值大于 0.95。
subscriberIdentifier 为订阅标识。

7.2　ALBattery

ALBattery 负责产生与机器人电池硬件相关的事件。ALBattery 从 ALMemory 检索电池数据,并根据电池传感器的不同取值情况产生不同事件,如电量为空、电量过低、电量变化等。在 BatteryLowDetected 事件产生时,剩余电量还可以使用多长时间取决于机器人的运动状态,机器人坐着时,电池电量可能还能使用几分钟,机器人行走时电量可能只够使用几十秒。

1. 方法

ALBattery 模块只有如下两种方法。
(1) enablePowerMonitoring(enable)设置电源监测。
enable 为 True 时,电源监测及通知有效。
enable 为 False 时,电源监测及通知无效。
(2) getBatteryCharge()获得剩余电量百分比。返回值为整数。

2. 事件

ALBattery 模块包括十几个事件,如表 7.2 所示,每个事件的回调函数 callback 都包括 3 个参数,第一个参数为事件名称(字符串型),第 3 个参数为订阅标识(字符串型)。

表 7.2　ALBattery 模块事件

事　件　名	事件产生原因	回调函数说明
BatteryEmpty	电量为空	callback(eventName, message, subscriberIdentifier) message 为系统消息
BatteryLowDetected	电量低	callback(eventName, status, subscriberIdentifier) status 电量低为 True
BatteryNearlyEmpty	电量接近空，需要充电	callback(eventName, message, subscriberIdentifier) message 为系统消息
BatteryNotDetected	电池未检测到	callback(eventName, status, subscriberIdentifier) status 电检测不到 True
BatteryChargeChanged	电量百分比发生变化	callback(eventName, percentage, subscriberIdentifier) percentage 为剩余电量百分比，整数
BatteryFullChargedFlagChanged	电池充满电	callback(eventName, fullyCharged, subscriberIdentifier) fullyCharged 在电池充满电时为 True,否则为 False
BatteryPowerPluggedChanged	充电器插拔	callback(eventName, plugged, subscriberIdentifier) plugged 在充电器插入时为 True,否则为 False

剩余电量检查的代码如下。

代码清单 7-1　剩余电量检查

```
from naoqi import ALProxy
IP = "192.168.1.170"                    #Replace here with your NaoQi's IP address.
PORT = 9559
battery=ALProxy("ALBattery",IP,PORT)
tts=ALProxy("ALTextToSpeech",IP,PORT)
remain=battery.getBatteryCharge()
if remain>30:
    tts.say("battery has remain " +str(remain)+" percent")
else:
    tts.say("I need to charge")
```

7.3　DCM

某些类型的传感器通过设备通信 DCM 模块实现控制。DCM 模块属于 NAOqi 的一部分，实现与机器人的电路板、传感器、执行器等电子设备的通信（不含音频和视觉部件）。

NAO 有两个 CPU，分别位于头部和身体。DCM 管理头部和身体之间的通信，以及头部内部的通信。因此，DCM 是"上层"软件（其他的 NAOqi 模块）和"下层"软件（电路板中的软件）之间的桥梁。DCM 作用与位置如图 7.1 所示。

1. DCM 作用

DCM 的主要作用有如下两个。

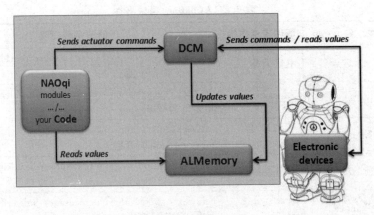

图 7.1 DCM 作用与位置

（1）向执行器发命令。

从 DCM 的角度考虑，执行器是物理部件，如关节、LED、电机等。ALMotion 和 ALLED 等模块使用 DCM 直接向执行器发送命令。发命令属于强制性的访问机器人硬件。

（2）更新执行器和传感器值。

DCM 以固定时间周期运行，通常范围是 1～10ms，取决于机器人状态。提取器 Extractor 和其他模块使用的就是由 DCM 周期更新的 ALMemory 中传感器值。

2．DCM 工作方式

使用 DCM 的 API 可以向执行器发送命令。每次发送命令可以更新一个或多个执行器，命令包括执行器做哪种动作和何时执行等信息。

只要执行器和传感器的值更新，DCM 就会在下一个周期中更新 ALMemory 中的值，再从 ALMemory 中读取的值就是更新后的值了。

DCM 发送命令流程如下。

（1）NAOqi 模块或自定义代码发送请求，请求是对一个或多个执行器发送的定时命令。

（2）定时命令存储在缓冲区中。在每个 DCM 周期，DCM 引擎分析每个执行器前一个周期和后一个周期的命令（如果有的话），使用线性插值法计算并发送适当命令。

（3）计算结果发送给电子部件，发送的命令同时更新 ALMemory 中执行器的值。

（4）DCM 读取更新后的传感器取值并更新 ALMemory 中传感器的值。

ALMemory 中存储着两个值，一个是传感器值，一个是执行器值。例如，对头部转动关节 HeadYaw 来说，ALMemory 有 Device/SubDeviceList/HeadYaw/Position/Actuator/Value 和 Device/SubDeviceList/HeadYaw/Position/Sensor/Value 两个键。

执行器键中存储的是最后一次命令的结果，传感器键中存储的是实际传感器测量结果。通常情况下这两个键值是相同的，在有些情况下，如给关节发的命令超出了关节角度上限，这两个键值也会有微小差异。

3. 命令

(1) 命令。定时命令包括命令与执行时间两部分，格式为：

```
[order,time]
```

其中，order 为发给执行器的浮点数。如对关节来说，order 是关节要达到的弧度，而对 LED 指示灯来说，order 是 LED 的亮度，取值 [0,1]。

time 为 4 字节的时间，是以 ms 为单位的绝对系统时间。

time 可以通过 DCM 代理的 getTime()方法获得。getTime 方法格式为：

```
getTime(offset)
```

其中 offset 为当前系统时间的偏离值，整数，可以为负数，函数返回值为当前系统时间加 offset 值，单位为 ms。例如，利用 getTime(20)设置 time 时，表示命令在 20ms 后执行。

(2) 更新类型。针对某个执行器的未执行定时命令存储在缓冲区中，在新的命令加入缓冲区时，有如下几种更新方式。

ClearAll：删除缓冲区中原有命令，只保留新进命令。

Merge：新命令与原有命令混合在一起，如图 7.2 所示。

ClearAfter：原有命令中，发生在第一个新命令之后的全部删除。

ClearBefore：原有命令中，发生在最后一个新命令之前的全部删除。

(3) 别名。同时向一组执行器发送命令时，为这组执行器起一个别名（另一个名称），会更方便一些。起别名的方法是使用 DCM 模块代理的 createAlias()。别名由执行器组名和执行器列表组成：

```
['Alias name', ['Actuator_1 name', 'Actuator_2 name', …, 'Actuator_x name']]
```

4. 发送命令方法

(1) set(request)。向 DCM 缓冲区发送简单的命令请求，request 列表格式如下。

request[0]：执行器名或执行器组别名；

request[1]：更新类型，Merge、ClearAll、ClearAfter 或 ClearBefore；

request[2]：定时命令，包括执行器值和执行时间。

代码清单 7-2　前胸按钮亮暗两次

```
import naoqi
from naoqi import ALProxy
dcm =ALProxy("DCM","192.168.1.170",9559)
                              #replace 192.168.1.170 with your Robot IP
dcm. createAlias ([ " ChestLeds ", [ " ChestBoard/Led/Red/Actuator/Value ",
"ChestBoard/Led/Green/Actuator/Value",
"ChestBoard/Led/Blue/Actuator/Value"]])
```

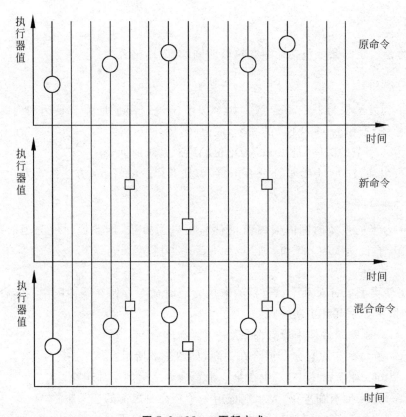

图 7.2 Merge 更新方式

```
dcm.set(["ChestLeds","ClearAll",[[1.0, dcm.getTime(1000)],[0.0, dcm.getTime
(2000)],[1.0, dcm.getTime(3000)],
[0.0, dcm.getTime(4000)]]])
```

程序运行时,分别在第 1 秒点亮前胸按钮上的 3 个 LED(红绿蓝),第 2 秒时熄灭,第 3 秒时点亮,第 4 秒时熄灭。

(2) setAlias(request)。向 DCM 缓冲区发送复杂命令请求,请求可以为每个执行器设置命令序列,request 列表格式如下。

request[0]:执行器组别名。

request[1]:更新类型,Merge、ClearAll、ClearAfter 或 ClearBefore 等。

request[2]:请求格式,time-mixed 和 time-separate。

request[2]取 time-mixed 时,用于命令和时间混合在一起,即为命令指定执行时间,与 set()方法类似。此时,request[3]为每个执行器设置定时命令,格式为:

```
[[[Actuator1_order1,time1] [Actuator1_order2,time2][ Actuator1_ordern,
timen]],…
[[Actuatorn_order1,time1] [Actuatorn_order2,time2][ Actuatorn_ordern,
timen]]]
```

request[2]取 time-separate 时,用于时间和命令分离,一组时间可以用于多组命令。

此时，request[3]:取值必须为 0。

request[4]:时间列表。

request[5]:命令组列表。每组命令用于执行器组中的一个执行器。

代码清单 7-3　前胸按钮按设定颜色显示（时间与命令分离）

```
import naoqi
from naoqi import ALProxy
dcm =ALProxy("DCM","192.168.1.170",9559)
                              #replace 192.168.1.170 with your Robot IP
dcm.createAlias(["ChestLeds",["ChestBoard/Led/Red/Actuator/Value",
"ChestBoard/Led/Green/Actuator/Value",
"ChestBoard/Led/Blue/Actuator/Value"]])
t =dcm.getTime(0)
dcm.setAlias(["ChestLeds","ClearAll","time-separate",0,[t,t+2000, t+3000,
t+4000, t+5000,t+6000],
[[1.0,0.0,1.0,0.0,1.0,0.0],[1.0,0.5,1.0,0.25,0.125,0.0],[0.0625,0.125,0.25,
0.50,0.75,1.0]]])
```

程序运行后，开始时红灯亮度为 1.0，绿灯亮度为 1.0，蓝灯亮度为 0.0625，胸前按钮 LED 显示为黄色。在第 2 秒、第 3 秒、第 4 秒、第 5 秒和第 6 秒时 LED 颜色依次变化。在第 6 秒时 R 为 0.0，G 为 0.0，B 为 1.0，LED 显示蓝色。

代码清单 7-4　前胸按钮按设定颜色显示

```
import naoqi
from naoqi import ALProxy
dcm =ALProxy("DCM","192.168.1.170",9559)
                              #replace 192.168.1.170 with your Robot IP
dcm.createAlias([
"ChestLeds", ["ChestBoard/Led/Red/Actuator/Value","ChestBoard/Led/Green/
Actuator/Value",
"ChestBoard/Led/Blue/Actuator/Value"]])
dcm.setAlias(["ChestLeds","ClearAll","time-mixed",[[[1.0, dcm.getTime
(4000)],[0.0, dcm.getTime(6000)]],
[[0.25, dcm.getTime(3000)]],[[0.125,dcm.getTime(2000)]]]])
```

7.4　ALSonar

ALSonar 模块用于超声波测距。NAO 配备两组超声波传感器（声呐），用来测量障碍物的距离。如图 7.3 所示，上部是超声波发送器，下部是接收器。

1. 测距原理

超声波指向性强，传播的距离较远，因而超声波经常用于工业级的距离测量。NAO

使用的超声波频率为 40kHz(声波频率上限为 20kHz 左右)。超声波发射器向某一方向发射超声波,在发射的同时开始计时,超声波在空气中传播,碰到障碍物会返射回来,超声波接收器收到反射波后立即停止计时。超声波在空气中的传播速度为 340m/s,根据计时器记录的时间 t,可以计算出发射点距障碍物的距离 s 为:$s=340t/2$。

NAO 的超声波测距范围为 $0.25\sim2.55$m,精度为 0.01m。

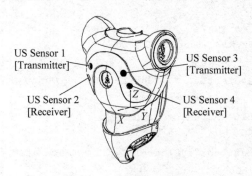

图 7.3 超声波传感器

2. 控制方式

由于有两套发送和接收装置,发送与接收可以有多种工作模式,如左侧发送左侧接收、左侧发送右侧接收、同时发送与接收等,默认工作方式是同时发送同时接收。使用 DCM 模块,可以设置超声波工作方式,具体设置参数参阅附录 E。

3. ALSonar 测距

为了节约电池用电量,超声波传感器默认是不启动的,启动时需要订阅 ALSonar 模块。ALSonar 是 ALExtractor 的子类,继承 ALExtractor 类的 subscribe()、unsubscribe() 等方法,ALSonar 模块自己未扩展其他方法。超声波测距启动后,左右两侧的障碍物测距结果分别存储在内存中,通过 ALMemory 的键进行访问,其中,左右两侧测距结果键分别为 Device/SubDeviceList/US/Left/Sensor/Value 和 Device/SubDeviceList/US/Right/Sensor/Value。

getData()返回值小于等于 0 或大于等于 5.0 时表示无障碍物。

测距结果会周期(100ms)更新。

对 ALSonar 模块解除订阅将停止超声波发送与接收。

代码清单 7-5 超声波测距

```
import naoqi
import time
from naoqi import ALProxy
IP="192.168.1.170"    #replace 192.168.1.170 with your Robot IP
memory=ALProxy("ALMemory",IP,9559)
sonarProxy =ALProxy("ALSonar",IP, 9559)
```

```
sonarProxy.subscribe("myApplication")
for i in range(0,10):
    print memory.getData("Device/SubDeviceList/US/Left/Sensor/Value")
    print memory.getData("Device/SubDeviceList/US/Right/Sensor/Value")
    time.sleep(1)
sonarProxy.unsubscribe("myApplication")
```

4. ALSonar 事件

ALSonar 模块有以下 4 个事件。

SonarLeftDetected 事件,左侧前方有障碍物时产生。

SonarRightDetected 事件,右侧前方有障碍物时产生。

SonarLeftNothingDetected 事件,左侧前方无障碍物时产生。

SonarRightNothingDetected 事件,右侧前方无障碍物时产生。

每个事件的 callback 函数参数格式相同:

callback(eventName, distance, subscriberIdentifier)

其中,eventName 为事件名称,为所对应的事件,取值为"SonarLeftDetected"…distance 为障碍物距,浮点型数据,subscriberIdentifier 为订阅标识。

5. Sonar 指令盒

Choregraphe 指令盒库中的 Sonar 指令盒用于检测障碍物,指令盒包含以下 3 个输出端。

(1) onNothingLeft:左侧前方无障碍物时产生输出,类型为激活型。

(2) onNothingRight:右侧前方无障碍物时产生输出,类型为激活型。

(3) onObstacle:前方有障碍物时产生输出,输出为字符串"left"或"right"。

在 Choregraphe 中将指令盒库 standard→Sensing→Sonar 指令盒拖到流程区。在流程图工作区空白区域右击,选择"创建一个新指令盒"→"Python 语言指令盒",在弹出的对话框中将指令盒命名为 get,修改输入点 onStart 类型为"字符串",连接流程线,如图 7.4 所示。

代码清单 7-6　get 指令盒脚本

```
class MyClass(GeneratedClass):
    def __init__(self):
        GeneratedClass.__init__(self)
        self.memory=ALProxy("ALMemory")
    def onLoad(self):
        pass
    def onUnload(self):
        pass
    def onInput_onStart(self, p):
```

```
        if (p=="left"):
            distance=self.memory.getData("Device/SubDeviceList/US/Left/Sensor/Value")
        else:
            distance=self.memory.getData("Device/SubDeviceList/US/Right/Sensor/Value")
        self.logger.info(distance)
        pass
    def onInput_onStop(self):
        self.onUnload()
        self.onStopped()
```

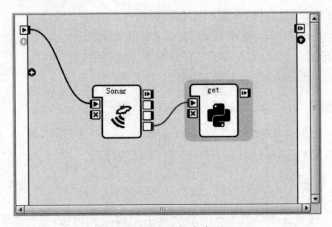

图 7.4　超声波指令盒测距

7.5　ALLeds

ALLeds 模块用于控制机器人的发光二极管 LED 的亮度，每个 LED 的亮度值可以设置为 0~100%。

NAO 的 LED 可以分为单色的 LED 和全彩色 LED 两类。头部触摸传感器周围的 LED 和耳部周围的 LED 为单色 LED（蓝色）。眼部、胸前按钮、脚部的 LED 为全彩色 LED，这些 LED 实际上是由 3 个单色 LED 组成，分别为红色、绿色和蓝色。

1. LED 键名

（1）LED 为执行器，各个 LED 以执行器方式命名。

如 Device/SubDeviceList/ChestBoard/Led/Red/Actuator/Value 为胸前按钮中的红色 LED。

各个 LED 的键名参见附录 E。

（2）LED 键名支持组名和缩写。

如 BrainLeds 是头部触发器周围 LED 的组名，LeftFaceLeds 是左眼 8 个 LED 的组

名，FaceLeds 是两眼 LED 组名，ChestLedsBlue 是 ChestBoard/Led/Blue/Actuator/Value 的缩写。详细组名与缩写可查阅 NAO 帮助文档。

ALLeds 模块只提供控制 LED 的方法，没有事件。

2. LED 的开关

on(name)将 LED 或 LED 组亮度设为最大（开灯），name 为 LED 名称或组名。
off(name)将 LED 或 LED 组亮度设为最小（关灯），name 为 LED 名称或组名。

代码清单 7-7　胸前按钮黄灯

```
#coding=utf-8
import naoqi
from naoqi import ALProxy
led=ALProxy("ALLeds","192.168.1.170",9559)
                                    #将 192.168.1.170 替换成所用机器人 IP
led.off("ChestLedsBlue")            #熄灭蓝灯
led.on("ChestLedsRed")              #点亮红灯
led.on("ChestLedsGreen")            #点亮绿灯
```

3. 设置 LED 亮度

setIntensity(name, intensity)设置 LED 或 LED 组亮度，name 为 LED 名称或组名，intensity 为亮度。

fade(name, intensity, duration)设置 LED 或 LED 组亮度及持续时间，name 为 LED 名称或组名，intensity 为亮度值，浮点型，取值范围为[0,1]，duration 为持续时间(s)，浮点型。

fadeRGB(name, red, green, blue, duration)设置 LED 或 LED 组红灯、绿灯、蓝灯亮度及持续时间，name 为 LED 名称或组名，red、green、blue 为亮度值，浮点型，取值范围为[0,1]，duration 为持续时间(s)，浮点型。

fadeListRGB(name, rgbList, timeList)设置 LED 或 LED 组红灯、绿灯、蓝灯亮度及持续时间，name 为 LED 名称或组名，rgbList 为 RGB 取值列表，RGB 值用十六进制数表示，格式为 0x00rrggbb，timeList 为指定取每个颜色值的时间序列。

代码清单 7-8　LED 颜色设置

```
#coding=utf-8
import naoqi
import time
import random
from naoqi import ALProxy
led=ALProxy("ALLeds","192.168.1.170",9559)  #将 192.168.1.170 替换成所用机器人 IP
name ='FaceLeds'
for i in range(0,10):                       #两眼 LED 由暗变亮
```

```
        intensity =0.1 * i
        duration =0.5
        led.fade(name, intensity, duration)
        time.sleep(0.5)
for i in range(0,30):                    #两眼 LED 的 RGB 随机取值
        intensityRed=random.random()     #random.random()返回 0~1 之间的随机数
        intensityGreen=random.random()
        intensityBlue=random.random()
        duration=0.3
        led.fadeRGB(name,intensityRed,intensityGreen,intensityBlue,duration)
led.fadeListRGB("ChestLeds",[0x00ff0000,0x0000ff00,0x000000ff],[1.0,2.0,3.0])
                                         #胸前 LED 按红色、绿色、蓝色变化
```

4. LED 组管理

createGroup(groupName，ledNames)为 LED 名称列表设置组名。其中 ledNames 为 LED 键名列表。

listGroup(groupName)返回组名所对应的设备列表。

listGroups()返回可用的组名列表。

listLEDs()返回 LED 缩写列表。

代码清单 7-9　设置组

```
import naoqi
from naoqi import ALProxy
names = ["Face/Led/Red/Left/0Deg/Actuator/Value","Face/Led/Red/Left/90Deg/Actuator/Value",
"Face/Led/Red/Left/180Deg/Actuator/Value","Face/Led/Red/Left/270Deg/Actuator/Value"]
leds.createGroup("MyGroup",names)
leds.on("MyGroup")
```

7.6　ALTouch

NAO 的接触、触摸传感器包括安装在头部和手部的触摸传感器、胸前按钮、足前的缓冲器。手部触摸传感器如图 7.5 所示。

在接触或触摸这些传感器时，ALTouch 模块会产生 TouchChanged 事件。从 TouchChanged 事件中可以获取触摸状态列表，如[["Head/Touch/Middle"，True]和 ["ChestBoard/Button"，True]]。

触摸触摸传感器时从 ALMemory 中读出的传感器键值为 1.0,否则读出的键值为 0.0。

ALTouch 是 ALModule 的子类,除了继承 ALModule 的方法外,还提供了以下两种方法。

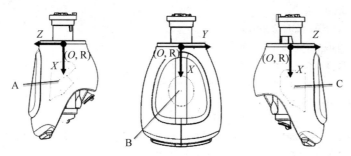

图 7.5　手部触摸传感器（A：RHand/Touch/Left，B：RHand/Touch/Back，C：RHand/Touch/Right）

（1）getSensorList()返回由 ALTouch 管理的传感器列表。

（2）getStatus()返回各个触摸传感器的状态。

ALTouch 模块事件如表 7.3 所示。

表 7.3　ALTouch 模块事件（只列出左或右事件）

事 件 名	事件产生原因	回调函数说明
TouchChanged	触摸状态变化	callback（eventName, TouchInfo, subscriberIdentifier）TouchInfo 为触摸状态列表
RightBumperPressed	右缓冲器按下	callback（eventName, val, subscriberIdentifier）val 在右缓冲器按下时为 1.0
FrontTactilTouched	触摸头前部传感器	callback（eventName, val, subscriberIdentifier）val 在接头部前部触摸传感器时为 1.0
MiddleTactilTouched	触摸头中间传感器	callback（eventName, val, subscriberIdentifier）val 在接头部中间触摸传感器时为 1.0
RearTactilTouched	触摸头后部传感器	callback（eventName, val, subscriberIdentifier）val 在接头部后部触摸传感器时为 1.0
HandLeftBackTouched	触摸左手后传感器	callback（eventName, val, subscriberIdentifier）val 在接手部后部触摸传感器时为 1.0
HandLeftLeftTouched	触摸左手左传感器	callback（eventName, val, subscriberIdentifier）val 在接手部左边触摸传感器时为 1.0
HandLeftRightTouched	触摸左手右传感器	callback（eventName, val, subscriberIdentifier）val 在接手部右边触摸传感器时为 1.0

响应触摸事件代码如下。

代码清单 7-10　响应触摸事件

```
import sys
import time
from naoqi import ALProxy
from naoqi import ALBroker
from naoqi import ALModule
ReactToTouch =None
```

```python
memory = None
class ReactToTouch(ALModule):
    def __init__(self, name):
        ALModule.__init__(self, name)
        self.tts = ALProxy("ALTextToSpeech")
        global memory
        memory = ALProxy("ALMemory")
        memory.subscribeToEvent("TouchChanged", "ReactToTouch ", "onTouched")
    def onTouched(self, strVarName, value):
        memory.unsubscribeToEvent("TouchChanged", "ReactToTouch")
        touched_bodies = []
        for p in value:
            if p[1]:
                touched_bodies.append(p[0])
        self.say(touched_bodies)
        memory.subscribeToEvent("TouchChanged", "ReactToTouch ", "onTouched")
    def say(self, bodies):
        if (bodies == []):
            return
        sentence = "My " + bodies[0]
        for b in bodies[1:]:
            sentence = sentence + " and my " + b
        if (len(bodies) > 1):
            sentence = sentence + " are"
        else:
            sentence = sentence + " is"
        sentence = sentence + " touched."
        self.tts.say(sentence)
def  main(ip, port):
    myBroker = ALBroker("myBroker", "0.0.0.0", 0, ip, port)
    global ReactToTouch
    ReactToTouch = ReactToTouch("ReactToTouch")
    try:
        while True:
            time.sleep(1)
    except KeyboardInterrupt:
        print "Interrupted by user, shutting down"
        myBroker.shutdown()
        sys.exit(0)
if __name__ == "__main__":
    ip = "192.168.1.170"
    port = 9559
    main(args.ip, args.port)
```

第 8 章

使用 C++ 编写程序

NAOqi 支持多种编程语言,在 NAO 开发文档中,同时提供 C++ 和 Python 示例。本章介绍使用 C++ 进行 NAO 程序设计的一般过程。

8.1 使用 qiBuild 编译远程模块

C++ 和 Python 调用 NAOqi 的编程方法是相同的,使用模块代理方式调用模块方法。qiBuild 是一种使工程编译变得更加简单的工具,管理工程的各种依赖,支持交叉编译。NAO 开发文档中推荐使用 qiBuild 进行程序编译。

1. sayhelloworld 示例

代码清单 8-1　使用 say 方法发声(NAOqi C++ SDK 示例,文件名 sayhelloworld.cpp)

```
#include <iostream>
#include <alerror/alerror.h>
#include <alproxies/altexttospeechproxy.h>
int main(int argc, char * argv[])
{
  if(argc !=2)
  {
    std::cerr <<"Wrong number of arguments!" <<std::endl;
    std::cerr <<"Usage: say NAO_IP" <<std::endl;
    exit(2);
  }
  const std::string phraseToSay = "Hello world";
  try
  {
    AL::ALTextToSpeechProxy  tts(argv[1], 9559);
    tts.say(phraseToSay);
  }
  catch (const AL::ALError& e)
```

```
    {
      std::cerr<<"Caught exception: "<<e.what()<<std::endl;
      exit(1);
    }
    exit(0);
  }
```

2. CMake、qiBuild

按附录 A 所示步骤安装好 C++ 开发环境，需要的软件包括 Visual Studio 2010、CMake、qiBuild 和 NAOqi C++ SDK。各部分作用及关系如下。

(1) C++ 程序是由数量众多的.h 和.cpp 文件通过编译器生成的，大量的源码文件需要使用项目工程构建和管理。Visual Studio 2010 或更高版本是 Windows 下的开发工具，通常称作集成开发环境(IDE)，IDE 使用项目文件，完成复杂项目的管理与编译。

Linux 平台在不使用 IDE 情况下，使用 makefile 文件完成"自动化编译"，makefile 文件定义了整个项目工程的编译规则，makefile 可以是 Linux 下自己动手写的。在执行 make 命令时，make 解释 makefile 中的指令来完成编译过程。由于大型项目编译过程非常复杂，现在的大项目已经很少有人自己写 makefile 文件了。

(2) CMake 是一个跨平台的软件，能够输出各种各样的 makefile 或者 project 文件。需要编写 CMakeLists.txt 文件，它是 CMake 所依据的规则。

(3) qiBuild 工具提供了一组命令，调用 CMake 的 API，可以顺利配置编译出想要的 IDE 工程。

在 SDK 的 sayhelloworld 示例中，CMakeLists.txt 内容如下。

代码清单 8-2　CMakeLists.txt(sayhelloworld)

```
cmake_minimum_required(VERSION 2.6.4 FATAL_ERROR)
project(sayhelloworld)
find_package(qibuild)
qi_create_bin(sayhelloworld sayhelloworld.cpp)
qi_use_lib(sayhelloworld ALCOMMON ALPROXIES)
```

在 CMakeLists.txt 中，指定了项目名称、二进制文件对应的主程序、使用的类库等内容。

3. 编译

以下编译过程均为 cmd 窗口中命令行操作方式。

(1) 第一次运行 qiBuild 要进行初始化设置，为 CMake 指定生成项目类型(makefile/project)及 IDE 类型。参见附录 A。

```
qibuild config --wizard
```

(2) 创建一个工作路径，即 worktree。

新建一个空目录，如 d:\sdk。在 cmd 窗口中进入该目录(在资源管理器中打开目

录,按 Shift 键同时右击,选择"在此处打开命令窗口"命令)。执行命令:

```
qibuild init
```

命令执行后,sdk 目录被设为工作路径,目录下新生成一个 .qi 目录。

在 sdk 目录下新建 naoqi-sdk 目录,将 naoqi-sdk-2.1.4.13-win32-vs2010.zip 解压缩内容拷贝到该目录下,包括 bin、etc、include 目录等。

(3) 编译。执行如下命令:

```
cd d:\sdk\naoqi-sdk\doc\dev\cpp\examples
qitoolchain create mytoolchain d:\sdk\naoqi-sdk\toolchain.xml
qibuild add-config mytoolchain -t mytoolchain --default
cd core\sayhelloworld
qibuild configure
```

此时,生成 VS 2010 项目文件,build-mytoolchain 目录下文件如图 8.1 所示。

名称	修改日期	类型	大小
.vs	2018/9/4 23:57	文件夹	
CMakeFiles	2018/9/4 23:55	文件夹	
Debug	2018/9/4 23:55	文件夹	
sayhelloworld.dir	2018/9/4 23:55	文件夹	
sdk	2018/9/4 23:54	文件夹	
Win32	2018/9/4 23:55	文件夹	
ALL_BUILD	2018/9/4 23:54	VCXPROJ 文件	7 KB
ALL_BUILD.vcxproj	2018/9/4 23:54	FILTERS 文件	1 KB
cmake_install.cmake	2018/9/4 23:54	CMAKE 文件	4 KB
CMakeCache	2018/9/4 23:54	文本文档	32 KB
dependencies.cmake	2018/9/4 23:35	CMAKE 文件	1 KB
INSTALL	2018/9/4 23:54	VCXPROJ 文件	12 KB
INSTALL.vcxproj	2018/9/4 23:54	FILTERS 文件	1 KB
path.conf	2018/9/4 23:54	CONF 文件	1 KB
sayhelloworld.sln	2018/9/4 23:54	Visual Studio 解...	5 KB
sayhelloworld	2018/9/4 23:54	VCXPROJ 文件	70 KB
sayhelloworld.vcxproj	2018/9/4 23:54	FILTERS 文件	1 KB
ZERO_CHECK	2018/9/4 23:54	VCXPROJ 文件	55 KB
ZERO_CHECK.vcxproj	2018/9/4 23:54	FILTERS 文件	1 KB

图 8.1　生成的 Visual Studio 项目文件

执行 qibuild make 命令生成可执行程序,或者使用 Visual Studio 打开解决方案文件 sayhelloworld.sln,在解决方案资源管理器中将 sayhelloworld 设置为启动项目,最后生成 sayhelloworld 可执行程序。生成的 sayhelloworld.exe 位于 build-mytoolchain\sdk\bin 目录下。

(4) 运行。在命令窗口中进入 build-mytoolchain\sdk\bin 目录,执行:

```
sayhelloworld 192.168.1.170
```

机器人将输出语音 hello world。其中 192.168.1.170 为机器人的 IP 地址,作为 main() 函数的参数直接用于生成 ALTextToSpeech 模块代理的 IP 参数。

使用 Visual Studio 高版本时,如果编译时出错,可以在项目属性窗口设置中将"平台工具集"设置为 Visual Studio 2010,如图 8.2 所示。Visual Studio 2010 平台工具集选项如果不存在,可以同时安装 VS2010 和高版本 VS。

图 8.2 项目属性窗口

8.2 扩展 NAO API

本节介绍使用 qiBuild 创建 C++ 远程模块或本地模块。

(1) 使用 qiBuild 创建模块框架。

进入要在其中创建项目的 worktree,输入:

qisrc create mymodule

在 worktree/mymodule 中创建一个新项目。生成的内容如下。
CMakeLists.txt:CMake 读取该文件以生成 makefile 或 Visual Studio 解决方案。
main.cpp:只是一个标准的"Hello World"。
qibuild.cmake:CMakeLists.txt 包含此文件才能找到 qiBuild CMake 框架。
qibuild.manifest:qiBuild 使用文件信息构建项目。
(2) 在 CMakeLists.txt 中声明依赖关系。
由 qisrc 生成的 CMakeLists.txt 内容如下:

代码清单 8-3　CMakeLists.txt(1)

```
cmake_minimum_required(VERSION 2.8)
project(mymodule)
include("qibuild.cmake")
qi_create_bin(mymodule "main.cpp")
```

与 naoqi 通信，需要在代码中使用代理。代理在 ALCommon 库中。需要在 CMakeLists 中导入 ALCommon。

在 CMakeLists.txt 中添加：

qi_use_lib(<your_project_name><library_you_want_use_1><library_you_want_use_2>)

代码清单 8-4　CMakeLists.txt(2)

```
cmake_minimum_required(VERSION 2.8)
project(mymodule)
include("qibuild.cmake")
qi_create_bin(mymodule "main.cpp")
qi_use_lib(myproject ALCOMMON ALPROXIES)
```

由 qisrc 生成的 main.cpp 文件是标准的 main.cpp，只在标准输出上打印一个 "Hello,world"。首先扩展 main.cpp 使之能与 NAOqi 进行通信，并从 NAOqi 的模块调用 bind 函数。

使用--pip 和--pport 选项实现命令行参数输入。

为使用的模块创建代理，包含<alcommon / alproxy.h>。

代码清单 8-5　main.cpp(1)

```cpp
#include <iostream>
#include <stdlib.h>
#include <alcommon/alproxy.h>
#include <alcommon/albroker.h>
int main(int argc, char* argv[])
{
  int pport = 9559;
  std::string pip = "127.0.0.1";
  if (argc != 1 && argc != 3 && argc != 5)
  {
    std::cerr << "Wrong number of arguments!" << std::endl;
    std::cerr << "Usage: mymodule [--pip robot_ip] [--pport port]" << std::endl;
    exit(2);
  }
  // if there is only one argument it should be IP or PORT
  if (argc == 3)
  {
    if (std::string(argv[1]) == "--pip")
      pip = argv[2];
    else if (std::string(argv[1]) == "--pport")
      pport = atoi(argv[2]);
```

```cpp
    else
    {
      std::cerr << "Wrong number of arguments!" << std::endl;
      std::cerr << "Usage: mymodule [--pip robot_ip] [--pport port]" << std::endl;
      exit(2);
    }
  }
  if (argc ==5)
  {
    if (std::string(argv[1]) =="--pport"
        && std::string(argv[3]) =="--pip")
    {
      pport =atoi(argv[2]);
      pip =argv[4];
    }
    else if (std::string(argv[3]) =="--pport"
        && std::string(argv[1]) =="--pip")
    {
      pport =atoi(argv[4]);
      pip =argv[2];
    }
    else
    {
      std::cerr << "Wrong number of arguments!" << std::endl;
      std::cerr << "Usage: mymodule [--pip robot_ip] [--pport port]" << std::endl;
      exit(2);
    }
  }
  const std::string brokerName ="mybroker";
  boost::shared_ptr<AL::ALBroker>broker =
    AL::ALBroker::createBroker(brokerName, "0.0.0.0", 54000, pip, pport);
  // Create a proxy to ALTextToSpeechProxy
  AL::ALProxy proxy(broker, "ALTextToSpeech");
  // Call say methode
  proxy.callVoid("say", std::string("Sentence to say!"));
  // Call ping function that return a boolean
  bool res =proxy.call<bool>("ping");
  return 0;
}
```

(3) 创建远程模块。

远程模块是通过网络连接到 NAOqi 的程序。以 ALModule 为父类创建新类 mymodule.cpp。

代码清单 8-6　mymodule.h

```cpp
#ifndef MY_MODULE_H
#define MY_MODULE_H
#include <iostream>
#include <alcommon/almodule.h>
namespace AL
{
  class ALBroker;
}
class MyModule : public AL::ALModule
{
public:
  MyModule(boost::shared_ptr<AL::ALBroker>broker, const std::string &name);
  virtual ~MyModule();
  virtual void init();
  void printHello();
  void printWord(const std::string &word);
  bool returnTrue();
};
#endif // MY_MODULE_H
```

代码清单 8-7　mymodule.cpp

```cpp
#include "mymodule.h"
#include <iostream>
#include <alcommon/albroker.h>
MyModule::MyModule(boost::shared_ptr< AL::ALBroker > broker,  const std::string& name)
  : AL::ALModule(broker, name)
{
  setModuleDescription("My own custom module.");
  functionName("printHello", getName(), "Print hello to the world");
  BIND_METHOD(MyModule::printHello);
  functionName("printWord", getName(), "Print a given word.");
  addParam("word", "The word to be print.");
  BIND_METHOD(MyModule::printWord);
  functionName("returnTrue", getName(), "Just return true");
  setReturn("boolean", "return true");
  BIND_METHOD(MyModule::returnTrue);
}
MyModule::~MyModule()
{
}
void MyModule::init()
```

```
{
  std::cout <<returnTrue() <<std::endl;
}
void MyModule::printHello()
{
  std::cout <<"Hello!" <<std::endl;
}
void MyModule::printWord(const std::string &word)
{
  std::cout <<word <<std::endl;
}
bool MyModule::returnTrue()
{
  return true;
}
```

新模块建立后,需要更新 CMakelists.txt,将新建的模块添加。

```
set(<variable_name> <source_file>)
```

代码清单 8-8　CMakelists.txt(3)

```
cmake_minimum_required(VERSION 2.8)
project(mymodule)
find_package(qibuild)
set(_srcs mymodule.cpp mymodule.h main.cpp)
qi_create_bin(mybroker ${_srcs})
qi_use_lib(mybroker ALCOMMON ALPROXIES)
```

在 main.cpp 中,创建一个 broker,将新 broker 添加到 NAOqi 的 broker 中。然后,可以创建自定义模块并将其与刚刚创建的新 broker 连接。

代码清单 8-9　main.cpp(2)

```
#include <iostream>
#include <stdlib.h>
#include <qi/os.hpp>
#include "mymodule.h"
#include <alcommon/almodule.h>
#include <alcommon/albroker.h>
#include <alcommon/albrokermanager.h>
int main(int argc, char * argv[])
{
  int pport =9559;
  std::string pip ="127.0.0.1";
   if (argc !=1 && argc !=3 && argc !=5)
   {
```

```cpp
    std::cerr <<"Wrong number of arguments!" <<std::endl;
    std::cerr <<"Usage: mymodule [--pip robot_ip] [--pport port]" <<std::endl;
    exit(2);
  }
  // if there is only one argument it should be IP or PORT
  if (argc ==3)
  {
    if (std::string(argv[1]) =="--pip")
      pip =argv[2];
    else if (std::string(argv[1]) =="--pport")
      pport =atoi(argv[2]);
    else
    {
      std::cerr <<"Wrong number of arguments!" <<std::endl;
      std::cerr <<"Usage: mymodule [--pip robot_ip] [--pport port]" <<std::endl;
      exit(2);
    }
  }
  // Sepcified IP or PORT for the connection
  if (argc ==5)
  {
    if (std::string(argv[1]) =="--pport"
        && std::string(argv[3]) =="--pip")
    {
      pport =atoi(argv[2]);
      pip =argv[4];
    }
    else if (std::string(argv[3]) =="--pport" && std::string(argv[1]) =="--pip")
    {
      pport =atoi(argv[4]);
      pip =argv[2];
    }
    else
    {
      std::cerr <<"Wrong number of arguments!" <<std::endl;
      std::cerr <<"Usage: mymodule [--pip robot_ip] [--pport port]" <<std::endl;
      exit(2);
    }
  }
  // Need this to for SOAP serialization of floats to work
  setlocale(LC_NUMERIC, "C");
  // A broker needs a name, an IP and a port:
  const std::string brokerName ="mybroker";
  // FIXME: would be a good idea to look for a free port first
```

```cpp
    int brokerPort =54000;
    // listen port of the broker (here an anything)
    const std::string brokerIp ="0.0.0.0";
    // Create your own broker
    boost::shared_ptr<AL::ALBroker>broker;
    try
    {
       broker = AL::ALBroker::createBroker ( brokerName,brokerIp,brokerPort,
pip, pport,
           0   // you can pass various options for the broker creation,
               // but default is fine
         );
    }
    catch(…)
    {
      std::cerr <<"Fail to connect broker to: "<<pip<<":"<<pport<<std::endl;
      AL::ALBrokerManager::getInstance()->killAllBroker();
      AL::ALBrokerManager::kill();
      return 1;
    }
    // Deal with ALBrokerManager singleton (add your borker into NAOqi)
    AL::ALBrokerManager::setInstance(broker->fBrokerManager.lock());
    AL::ALBrokerManager::getInstance()->addBroker(broker);
    // AL::ALModule::createModule<your_module>(<broker_create>, <your_module>);
    AL::ALModule::createModule<MyModule>(broker, "MyModule");
    while (true)
      qi::os::sleep(1);
    return 0;
}
```

使用 qiBuild 命令生成 Visual Studio 文件后,编译生成可执行文件。

执行如下命令远程运行程序:

```
mymodule --pip <robot_ip> --pport <robot_port>
```

其中,<robot_ip>为机器人地址。如机器人地址为 192.168.1.170,则执行如下命令:

```
mymodule --pip 192.168.1.170 --pport 9559
```

附录 A

开发环境安装与配置

1. 软件下载

(1) NAO 软件下载地址：https://community.ald.softbankrobotics.com。

首先需要在 Aldebaran Robotics 公司网站 https://community.ald.softbankrobotics.com 注册一个用户。用注册用户名登录后下载 Aldebaran Robotics 公司设计的编程软件 choregraphe-suite -2.1.4.13-win32-setup.exe、pynaoqi-2.1.4.13.win32.exe（Python 语言库）、naoqi-sdk- 2.1.4.13-win32-vs2010.zip（C++ 库）。

(2) Python2.7 官网下载地址：https://www.python.org/downloads/。

(3) PyCharm 下载地址：https://www.python.org/downloads/。

(4) Cmake 下载地址：https://cmake.org/。

2. 安装

(1) 安装 python-2.7.13-msi。按安装向导提示安装，将 Python 安装在 C 盘根目录下，从而保证在之后的 qiBuild 的安装过程中能够找到指定目录，同时在 Path 环境变量中添加相应的文件路径（修改图 A.1 中 Add python.exe to Path 项，选择安装到本地）。

Python 安装目录如图 A.2 所示，其中，Scripts 目录包括 pip 安装工具、qiBuild 等。利用 pip 安装工具安装的大部分第三方库安装在 Lib\site-package 目录下。

(2) 安装 choregraphe-suite -2.1.4.13-win32-setup.exe，按安装向导提示安装。第一次运行需要输入 40 位的注册序列号，如 654e-4564-153c-6518-2f44-7562-206e-4c60-5f47-5f45。

(3) 安装 PyCharm-community。

(4) 安装 NAOqi 的 Python 库 pynaoqi-2.1.4.13.win32.exe。

(5) 安装 Visual Studio 2010。

(6) 安装 Cmake3.12。向导安装过程中选择将 Cmake 路径添加到 Path 中。

(7) 安装 qiBuild。

打开 cmd 窗口，使用 pip 命令安装 qiBuild。输入如下命令：

pip install qiBuild

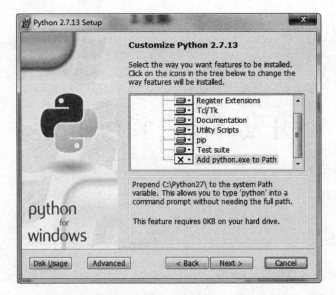

图 A.1　Python 路径添加到 Path 中（默认不加）

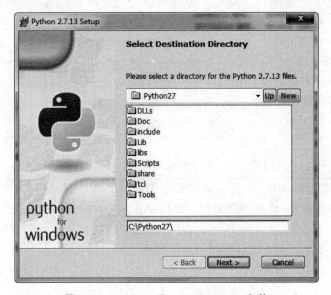

图 A.2　Windows 下 Python 2.7.13 安装

qiBuild 安装完成后，配置 qiBuild：

```
qibuild config --wizard
```

在弹出菜单中选择安装的 C++ 产生器版本，如图 A.3 所示。

在后面的配置中，按提示信息分别选择 IDE。配置完成后会生成 ~/.config/qi/qibuild.xml 配置文件，其中 ~ 为当前的 worktree 设置，如 C:\Users\Administrator。

（8）安装 C++ SDK。解压缩 naoqi-sdk-2.1.4.13-win32-vs2010.zip。创建空目录，如在 D 盘创建 D:\sdk。打开 cmd 窗口，进入新建目录，执行如下命令：

`qibuild init`

将解压缩内容放置的所在目录复制到新建目录下。如解压缩目录为 naoqi-sdk，将 naoqi-sdk 内容复制到 D:\sdk 下。

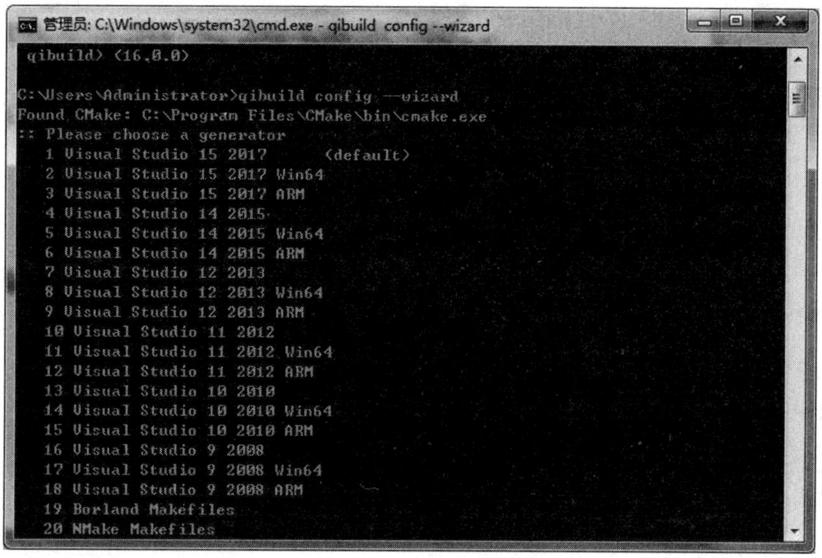

图 A.3　qiBuild 配置

附录 B

NAO 机器人系统恢复与更新

1. NAO 机器人恢复出厂设置

(1) 相关工具下载。

用用户名登录后可以下载 NAO 相关软件。NAO 机器人恢复出厂设置主要需要 NAOFlasher 工具和 NAOQI 系统镜像。

下载 flasher 工具 flasher-2.1.0.19-win32-vs2010.zip（或 flasher-2.1.0.19-win64-vs2010.zip）和系统镜像 opennao-atom-system-image-2.1.4.13_2015-08-27.opn。Flasher 工具直接解压缩就可以运行。

(2) 准备一个容量大于 2GB 的 U 盘。运行 Windows 的 diskpart.exe 程序，按图 B.1 所示步骤清空 U 盘分区信息。

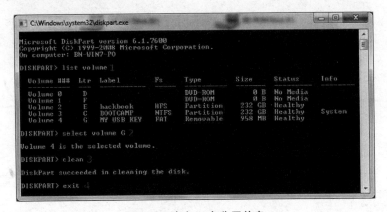

图 B.1　清空 U 盘分区信息

(3) 打开 flasher-2.1.0.19-win32-vs2010\bin 文件夹，选中 flasher.exe，右击，选择以管理员身份运行，Flasher 程序界面如图 B.2 所示。

单击 Image to flash 右侧 Browse 按钮，在弹出的选择对话框中找到映像文件 opennao-atom-system-image-2.1.4.13_2015-08-27.opn 文件安装位置，选中该文件后，单击"打开"按钮，映像文件名及其路径将填入文本框中。

如果 Choose your usb stick 右侧文本框内容为空，单击 Refresh 按钮，待写入 U 盘相关信息将出现在文本框中。

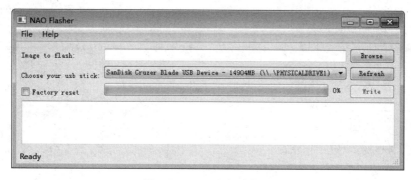

图 B.2　Flasher 程序界面

如果仅做 NAO 的更新,不需要完全恢复到出厂设置,则复选框 Factory reset 为不选状态,否则,选中复选框。单击 Write 按钮,开始制作映像 U 盘。进度达到 100% 后,关闭程序。

(4) 在关机状态下将制作好的 U 盘插入 NAO 头部后面的 USB 接口,按胸前按钮约 5s,在胸前按钮 LED 亮蓝光时松开,开始 NAO 系统恢复。

2. 在线安装中文语言包及更新

(1) 登录 https://cloud.aldebaran-robotics.com/,用用户名登录后,在网站上定制 NAO 机器人安装语言。选择 APPLICATIONS→MY APPS→LANGUAGES,选择中文语言包。定制完成后,结果如图 B.3 所示。

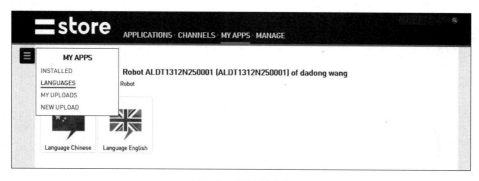

图 B.3　定制语言包

(2) 选择 APPLICATIONS→MY APPS→INSTALLED,单击 Set System Update 按钮,在自动更新配置对话框中,设定自动更新到最新版本。

(3) NAO 开机后,在浏览器地址栏中输入机器人 IP 地址,选择"更新"选项卡,单击"编辑帐户"按钮,输入注册用户名和密码,单击"连接"按钮。NAO 检查当前机器状态及在网站上所做配置,自动完成文件下载及系统更新,如图 B.4 所示。

(4) 更新完成后,选择"我的机器人"选项卡,将机器人语言改为"汉语",重启机器人。

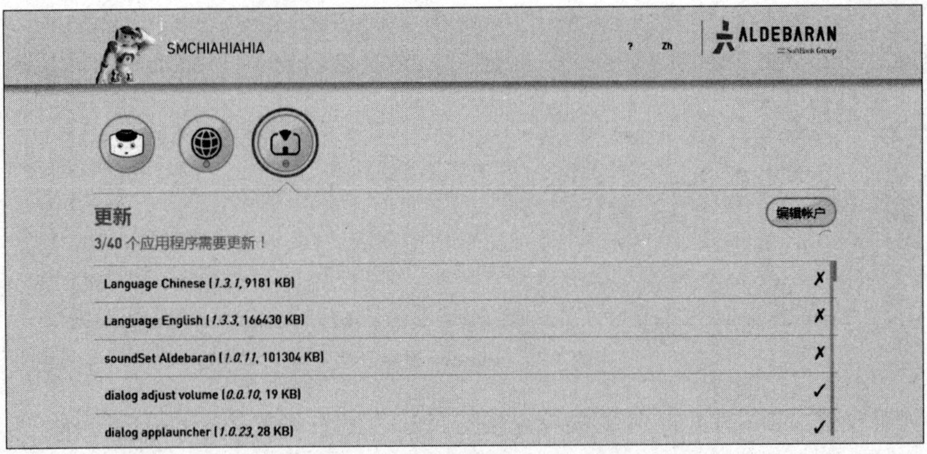

图 B.4 在线安装语言包及更新

附录 C

NAOqi 系统虚拟机

VirtualBox 是免费的虚拟机软件,支持所有主流的操作系统,适用于 x86 硬件。下载地址是 https://www.virtualbox.org/wiki/Downloads。本节主要介绍在 Windows 环境下利用 VirtualBox 运行 NAOqi 系统。

(1) 下载 VirtualBox-5.2.12-122591-Win.exe 并安装。

(2) 在 https://community.ald.softbankrobotics.com 下载 NAOqi 系统虚拟机文件 opennao-vm-2.1.2.17.ova。

(3) 打开 VirtualBox,单击"文件"→"导入虚拟机"子菜单,在导入虚拟机对话框中选择 opennao-vm-2.1.2.17.ova 安装目录并选中文件,单击"下一步"按钮,单击"导入"按钮。导入完成后,如图 C.1 所示。

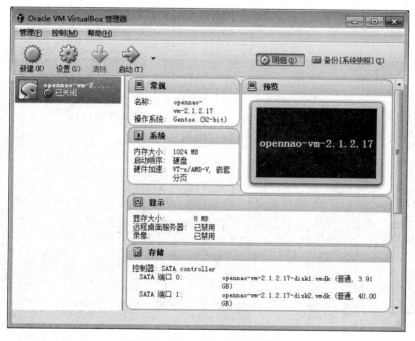

图 C.1 VirtualBox 虚拟机导入

(4) 单击工具栏上"设置"按钮,选择"网络"选项卡,将"连接方式"改为"桥接网卡"方式,选择相应网卡,如图 C.2 所示。

图 C.2　网络连接方式设置

（5）单击工具栏上"启动"按钮,启动虚拟机。

（6）在虚拟机中,输入登录名 nao,输入密码 nao。为了设置虚拟机的 IP 地址,切换到 root 用户。输入 su root 命令,输入密码 root,切换到 root 用户。

使用 ifconfig 命令为 eth0 网卡配置虚拟主机 IP 地址,该地址应与主机 IP 处于同一网段,如图 C.3 所示。

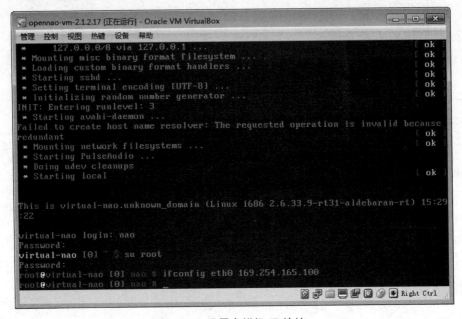

图 C.3　设置虚拟机 IP 地址

(7) 在 WinSCP 中登录虚拟机,实现虚拟机文件上传或下载。登录界面如图 C.4 所示。

图 C.4　WinSCP 登录虚拟机

附录 D

Python 关键字和内置函数

Python 包含一系列关键字和内置函数,给变量命名时,变量名可以是任何不以数字开头的、由字母、数字、下画线组成的、有意义的符号串。但是,不能将 Python 关键字用作变量名,也不应将 Python 内置函数的名称用作变量名。

1. Python 关键字

Python 的关键字都有特殊含义,如果将它们用作变量名,将引发错误。Python 关键字如表 D.1 所示。

表 D.1 Python 关键字

false	class	finally	is	return
none	continue	for	lambda	try
true	def	from	nonlocal	while
and	del	global	not	with
as	elif	if	or	yield
assert	else	import	pass	break
except	in	raise		

2. Python 内置函数

将内置函数名用作变量名时,不会导致错误,但是将覆盖这些函数的行为。Python 函数如表 D.2 所示。

表 D.2 Python 函数

abs()	divmod()	input()	open()	staticmethod()
all()	enumerate()	int()	ord()	str()
any()	eval()	isinstance()	pow()	sum()
basestring()	execfile()	issubclass()	print()	super()

续表

bin()	file()	iter()	property()	tuple()
bool()	filter()	len()	range()	type()
bytearray()	float()	list()	raw_input()	unichr()
callable()	format()	locals()	reduce()	unicode()
chr()	frozenset()	long()	reload()	vars()
classmethod()	getattr()	map()	repr()	xrange()
cmp()	globals()	max()	reversed()	zip()
compile()	hasattr()	memoryview()	round()	__import__()
complex()	hash()	min()	set()	apply()
delattr()	help()	next()	setattr()	buffer()
dict()	hex()	object()	slice()	coerce()
dir()	id()	oct()	sorted()	intern()

附录 E

传感器与执行器键表

本附录所列的传感器和执行器名称/键,用于使用 ALMemory(内存)模块读传感器或执行器在内存中的取值,或者使用 DCM(设备通信管理)模块向执行器发布命令。

1. 关节名

NAO 的身体包括头、左臂、右臂、左腿和右腿,各部件包括关节如表 E.1 所示。

表 E.1　NAO 部件名称

名称	肢体	关节/传感器/执行器	执行器
Body	Head	HeadPitch、HeadYaw	
	LArm	LShoulderRoll、LShoulderPitch、LElbowYaw、LElbowRoll、LWristYaw	Lhand
	LLeg	LHipYawPitch、LHipPitch、LHipRoll、LKneePitch、LAnklePitch、LankleRoll	
	RArm	RShoulderRoll、RShoulderPitch、RElbowYaw、RElbowRoll、RWristYaw	Rhand
	RLeg	RHipPitch、RHipRoll、RKneePitch、RAnklePitch、RankleRoll	

2. 关节键名

(1) HeadYaw。

在 ALMemory 模块中读取 HeadYaw 关节传感器、执行器、刚度、温度时,键命名如表 E.2 所示。

表 E.2　HeadYaw 关节键名表

键	说明	单位
Device/SubDeviceList/HeadYaw/Position/Actuator/Value	执行器	弧度
Device/SubDeviceList/HeadYaw/Position/Sensor/Value	位置传感器	弧度
Device/SubDeviceList/HeadYaw/ElectricCurrent/Sensor/Value	电流	安培
Device/SubDeviceList/HeadYaw/Temperature/Sensor/Value	温度	℃
Device/SubDeviceList/HeadYaw/Hardness/Actuator/Value	刚度	百分比
Device/SubDeviceList/HeadYaw/Temperature/Sensor/Status	温度状态	

说明：

① Position/Actuator：执行器。执行器的关节角度值，单位弧度。如果刚度＞0，由周期刷新命令得到的最近一个位置值。如果刚度≤0，与位置传感器的值相同。

② Position/Sensor：位置传感器。位置传感器测量的关节角度值，单位弧度。使用的传感器是磁性编码器(MRE)，12 个二进制位表示的弧度。

③ Hardness：刚度。关节的刚度，0.0 表示 0，1.0 表示 100％(全功率)。

在关节电机的电路板中，刚度值用于控制最大电流。刚度为 0.5 表示电流限制降至 50％。刚度在每个设备通信管理周期(10ms)都会发送给电机电路，通过反馈控制，可以非常快地减少/增加电流(实际会有一些延迟)。

如果刚度小于 0，电机停止运行。由于硬件限制，只有在同一块电路板上的两个电机的刚度都小于 0 时电机才会停止，否则，电机仍然运行。为了保护机械结构，此时运动是禁用的。

为了保护机器人，NAO 如果发现某些部件出现故障，可以自动切断刚度。

④ Current：电流。每个电机电路板上都有一个电流传感器。为了保护电机、电路板和关节的机械部分，每个关节都有电流限制。如果电流达到最大值(电流传感器最大值)，通过控制电路的反馈机制，能够减小电流直到返回最大值以下。

⑤ Temperature：温度。单位℃。电机主板实现温度限制以保护电机。

⑥ Temperature/Status：温度状态。0 表示常温；1 表示温度达到最大极限，开始减小刚度；2 表示关节非常热，刚度降低 30％以上；3 表示关节非常热，刚度值设置为 0。

(2) 其他关节。

表 E.1 所列其他关节键的命名与 HeadYaw 的键名命名规则相同，例如，HeadYaw 执行器键名为 Device/SubDeviceList/HeadYaw/Position/Actuator/Value，LShoulderRoll 执行器键名为 Device/SubDeviceList/LShoulderRoll/Position/Actuator/Value。

(3) LHand 和 RHand。

手的键名命名规则与其他关节相同，但是执行器和位置传感器的取值单位不同。

执行器：Device/SubDeviceList/RHand/Position/Actuator/Value；

位置传感器键：Device/SubDeviceList/RHand/Position/Sensor/Value。

由于手部动作分为手指张开、闭合及中间状态，执行器和位置传感器的值为数值(百分比)。其中，最小值 0.0 表示手指完全闭合，最大值 1.0 表示手指完全张开。

3. 触摸传感器键名

在 ALMemory 模块中读取触摸传感器时，键命名如表 E.3 所示。

表 E.3 触摸传感器键名表

键	说明
Device/SubDeviceList/Head/Touch/Front/Sensor/Value	Touch(ON/OFF)
Device/SubDeviceList/Head/Touch/Rear/Sensor/Value	Touch(ON/OFF)

键	说 明
Device/SubDeviceList/Head/Touch/Middle/Sensor/Value	Touch(ON/OFF)
Device/SubDeviceList/LHand/Touch/Back/Sensor/Value	Touch(ON/OFF)
Device/SubDeviceList/LHand/Touch/Left/Sensor/Value	Touch(ON/OFF)
Device/SubDeviceList/LHand/Touch/Right/Sensor/Value	Touch(ON/OFF)
Device/SubDeviceList/RHand/Touch/Back/Sensor/Value	Touch(ON/OFF)
Device/SubDeviceList/RHand/Touch/Left/Sensor/Value	Touch(ON/OFF)
Device/SubDeviceList/RHand/Touch/Right/Sensor/Value	Touch(ON/OFF)

说明：触摸传感器是电容式传感器，返回两个状态，0.0（未按下）或 1.0（按下）。

4. 开关传感器键名

开关传感器包括胸前按钮、左右脚前的缓冲器。开关传感器键名如表 E.4 所示。

表 E.4　开关传感器键名表

键	说 明
Device/SubDeviceList/ChestBoard/Button/Sensor/Value	Switch(ON/OFF)
Device/SubDeviceList/LFoot/Bumper/Right/Sensor/Value	Switch(ON/OFF)
Device/SubDeviceList/LFoot/Bumper/Left/Sensor/Value	Switch(ON/OFF)
Device/SubDeviceList/RFoot/Bumper/Right/Sensor/Value	Switch(ON/OFF)
Device/SubDeviceList/RFoot/Bumper/Left/Sensor/Value	Switch(ON/OFF)

说明：开关传感器返回两个状态，0.0（未按下）或 1.0（按下）。

5. CPU 键名

键：Device/SubDeviceList/Head/Temperature/Sensor/Value，返回值：头部 CPU 温度（℃）。

6. 惯性传感器键名

惯性传感器包括陀螺仪（Gyroscope）、角度传感器（Angle）和加速度计（Accelerometer）。惯性传感器键名如表 E.5 所示。

表 E.5　惯性传感器键名表

键	说 明
Device/SubDeviceList/InertialSensor/GyroscopeX/Sensor/Value	陀螺仪 X 方向角速度（rad/s）
Device/SubDeviceList/InertialSensor/GyroscopeY/Sensor/Value	陀螺仪 Y 方向角速度（rad/s）

续表

键	说 明
Device/SubDeviceList/InertialSensor/GyroscopeZ/Sensor/Value	陀螺仪 Z 方向角速度(rad/s)
Device/SubDeviceList/InertialSensor/AngleX/Sensor/Value	X 方向角度(rad)
Device/SubDeviceList/InertialSensor/AngleY/Sensor/Value	Y 方向角度(rad)
Device/SubDeviceList/InertialSensor/AngleZ/Sensor/Value	Z 方向角度(rad)
Device/SubDeviceList/InertialSensor/AccelerometerX/Sensor/Value	X 方向加速度(m/s^2)
Device/SubDeviceList/InertialSensor/AccelerometerY/Sensor/Value	Y 方向加速度(m/s^2)
Device/SubDeviceList/InertialSensor/AccelerometerZ/Sensor/Value	Z 方向加速度(m/s^2)

说明：

(1) 陀螺仪角速度由身体中心的惯性传感器测量的转速值，单位为 rad/s。

(2) 加速度由身体中心的惯性传感器测量的加速度值，单位为 m/s^2，包括 3 个坐标轴方向上的加速度。

(3) 角度由加速度和角速度算出的机器人身体倾斜角度，单位为弧度。

7. LED 键名

NAO 在眼、耳、头部、胸前按钮、脚等部件上安装了发光二极管。

每个 LED 只产生一种颜色光，全彩色的光是由安装在一起的 3 个发不同颜色(RGB)光的 LED 组成。取值范围为 0.0～1.0，0.0 对应不发光，1.0 对应发光最强情况。

(1) 眼部 LED。左右眼部各安装了 8 个全彩色的 LED，结构如图 E.1 所示。其中，R1/L1、R2/L2、R3/L3、R4/L4、R5/L5、R6/L6、R7/L7、R0/L0 分别对应 0°、45°、90°、135°、180°、225°、270°、315°。

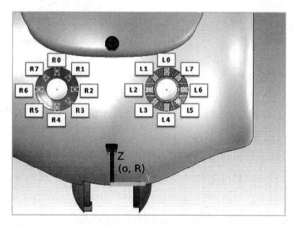

图 E.1 眼部 LED

左眼 0°红色 LED 键：Device/SubDeviceList/Face/Led/Red/Left/0Deg/Actuator/Value。
左眼 0°绿色 LED 键：Device/SubDeviceList/Face/Led/Green/Left/0Deg/Actuator/Value。
左眼 0°蓝色 LED 键：Device/SubDeviceList/Face/Led/Blue/Left/0Deg/Actuator/Value。
右眼 45°红色 LED 键：Device/SubDeviceList/Face/Led/Red/Right/45Deg/Actuator/Value。

(2) 耳部 LED

左右耳部各安装了 10 个蓝光 LED，结构如图 E.2 所示。

其中，R0～R9 分别对应 0°、36°、72°、108°、144°、180°、216°、252°、288°、324°。

右耳 0°LED 键：Device/SubDeviceList/Ears/Led/Right/0Deg/Actuator/Value。

(3) 胸前按钮 LED。

红色 LED 键：Device/SubDeviceList/ChestBoard/Led/Red/Actuator/Value。
绿色 LED 键：Device/SubDeviceList/ChestBoard/Led/Green/Actuator/Value。
蓝色 LED 键：Device/SubDeviceList/ChestBoard/Led/Blue/Actuator/Value。

(4) 脚部 LED。包括左脚(LFoot)和右脚(RFoot)，表示格式相同，左脚 LED 键：
Device/SubDeviceList/LFoot/Led/Red/Actuator/Value
Device/SubDeviceList/LFoot/Led/Green/Actuator/Value
Device/SubDeviceList/LFoot/Led/Blue/Actuator/Value

(5) 头部 LED。

头部触摸传感器周围 LED 结构如图 E.3 所示。

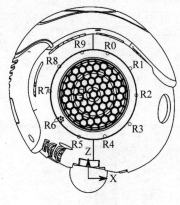

图 E.2 耳部 LED

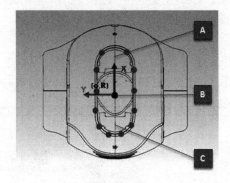

图 E.3 头部 LED

图中 A 对应 Front，B 对应 Middle，C 对应 Rear。前部有 2 个 LED，中间 1 个，后部 3 个。
头部键如下(只列出左边 LED)。

Device/SubDeviceList/Head/Led/Rear/Left/0/Actuator/Value；
Device/SubDeviceList/Head/Led/Rear/Left/1/Actuator/Value；
Device/SubDeviceList/Head/Led/Rear/Left/2/Actuator/Value；
Device/SubDeviceList/Head/Led/Front/Left/0/Actuator/Value；
Device/SubDeviceList/Head/Led/Front/Left/1/Actuator/Value；
Device/SubDeviceList/Head/Led/Middle/Left/0/Actuator/Value。

8. 声呐键名

NAO 胸前左右两侧各安装了一个超声波的发送器和接收器。声呐键名如表 E.6 所示。

表 E.6 声呐键名表

键	说 明
Device/SubDeviceList/US/Actuator/Value	设置超声波执行器（数值）
Device/SubDeviceList/US/Sensor/Value	超声波感应(m)
Device/SubDeviceList/US/Left/Sensor/Value	超声波感应(m)
Device/SubDeviceList/US/Right/Sensor/Value	超声波感应(m)
Device/SubDeviceList/US/Left/Sensor/Value1	超声波感应(m)
Device/SubDeviceList/US/Left/Sensor/Value2	超声波感应(m)
⋮	左侧 Value3～Value8 略
Device/SubDeviceList/US/Left/Sensor/Value9	超声波感应(m)
Device/SubDeviceList/US/Right/Sensor/Value1	超声波感应(m)
⋮	右侧 Value2～Value8 略
Device/SubDeviceList/US/Right/Sensor/Value9	超声波感应(m)

说明：

（1）Device/SubDeviceList/US/Actuator/Value 用于设置超声波执行器发送和接收超声波方式。由于有两个超声波发送和接收装置，选择不同的发送端和接收端，可以获取障碍物信息。超声波控制位如图 E.4 所示。

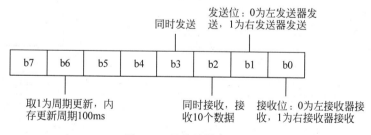

图 E.4 超声波控制位

0.0：左发送器发送，左接收器接收；
1.0：左发送器发送，右接收器接收；
2.0：右发送器发送，左接收器接收；
3.0：右发送器发送，右接收器接收；
4.0：左右发送，左右接收；
12.0(8.0＋4.0)：左右发送，左右接收；

68.0(64.0+4.0)：左右发送，左右接收，周期更新。

（2）工作模式设置10ms后超声波感应器会得到返回值，单位为m。超声波最大检测距离为5m，结果≥5或≤0表示没有检测到回声信号或出错。

（3）工作模式设置第3位取1时，可以得到10个回声数据，分别存储在Value、Value1～Value9中。

9. 电池键名

充电电流（单位：A）、电量、温度键分别为

Device/SubDeviceList/Battery/Current/Sensor/Value；

Device/SubDeviceList/Battery/Charge/Sensor/Value；

Device/SubDeviceList/Battery/Temperature/Sensor/Value。

10. 压力传感器键名

NAO的每只脚上各有4个压力传感器，如图E.5所示。压力传感器键名如表E.7所示。

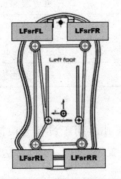 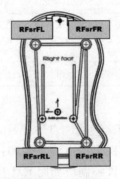

图E.5　压力传感器分布

表E.7　压力传感器键名表

键	说　明
Device/SubDeviceList/LFoot/FSR/FrontLeft/Sensor/Value	左脚左前区压力（kg）
Device/SubDeviceList/LFoot/FSR/FrontRight/Sensor/Value	左脚右前区压力（kg）
Device/SubDeviceList/LFoot/FSR/RearLeft/Sensor/Value	左脚左后区压力（kg）
Device/SubDeviceList/LFoot/FSR/RearRight/Sensor/Value	左脚右后区压力（kg）
Device/SubDeviceList/LFoot/FSR/TotalWeight/Sensor/Value	左脚总压力（kg）
Device/SubDeviceList/LFoot/FSR/CenterOfPressure/X/Sensor/Value	左脚重心X方向偏离值（m）
Device/SubDeviceList/LFoot/FSR/CenterOfPressure/Y/Sensor/Value	左脚重心Y方向偏离值（m）
Device/SubDeviceList/RFoot/FSR/FrontLeft/Sensor/Value	右脚左前区压力（kg）
...	右脚其他部分略

说明：

(1) 压力传感器测量的压力有一定的误差，在检测脚部接触压力变化情况时，更好的方法是考虑测量压力的变化量。

(2) TotalWeight 是 4 个压力传感器测量压力之和。

(3) CenterOfPressure(重心)是由 4 个压力传感器所测压力和位置计算出来的。参考中心点如图 E.5 所示。

附录 F

NAO 安装的 Python 库

本附录介绍书中用到的 Python 模块。

1. Image

PIL(Python Imaging Library,图像处理类库)提供了通用的图像处理功能,以及大量有用的基本图像操作,如图像缩放、裁剪、旋转、颜色转换等。利用 PIL 中的函数,可以从大多数图像格式的文件中读取数据,写入最常见的图像格式文件中。PIL 中最重要的模块为 Image。下载地址为 http://www.pythonware.com/products/pil/index.htm。

Image 常用方法如表 F.1 所示。

表 F.1 Image 常用方法

方法	功能	说明及示例
open(filename)	打开图像	filename 为文件名,方法返回值为图像对象 img=Image.open("test.png")
show()	显示图像	img.show()
copy()	图像复制	返回值为复制图像 img1=img.copy()
save(filename,fileformat)	图像保存	支持 BMP、JPEG、PNG、GIF、TIFF、PDF、WMF 等格式 img.save("save.gif","GIF")
convert(mode,matrix)	模式转换	返回值为新模式的图像对象 mode 取值:1,L,P,RGB,RGBA,CMYK,YCbCr,I 和 F matrix 为 RGB 转换 L 模式或 RGB 模式的计算公式,为四或十六元组 img=img.convert("L")
filter(filter)	图像滤波	返回值为经过过滤的图像对象 filter 过滤器名称,由 ImageFilter 类定义 filterimg=img.filter(ImageFilter.MedianFilter)

续表

方　　法	功　能	说明及示例
fromstring(mode,size,data)	从字符串创建图像	返回值为创建图像 mode 为图像模式，size 为图像尺寸元组，data 为字符串形式存储的像素数据 img=Image.fromstring("RGB",(640,480),array)
new(mode,size)	创建新图像	返回值为创建图像
crop(box)	裁剪图像	返回值为裁剪图像 box 定义了左，上，右，下像素坐标的四元元组
getbands()	获取图像所有通道	返回值为元组 print img.getbands() ♯ 输出为('R', 'G', 'B')
getpixel((x,y))	获取像素	返回像素，RGB 元组
thumbnail((width,height))	生成缩略图	返回缩略图图像对象，width 和 height 为缩略图宽和高
getbbox()	获取像素坐标	返回四元组像素坐标(左上角坐标和右下角坐标)
getdata(band=None)	获取数据	返回图像所有像素值，使用 list()转换成列表 data=list(img.getdata())
eval(image,function)	用函数处理图像的每个像素	返回值为图像对象 imnew =Image.eval(img,lambda i:i*2)每个像素值×2

说明：

(1) 图像模式。

1：二值图像，每个像素用 8b 表示，0 表示黑，255 表示白。

L：灰色图像，每个像素用 8b 表示，0 表示黑，255 表示白，其他数字表示不同的灰度。在 PIL 中，从模式 RGB 转换为 L 模式是按照下面的公式转换：

$$L=R\times 299/1000+G\times 587/1000+B\times 114/1000$$

P：8 位彩色图像，每个像素用 8b 表示，对应的彩色值是按照调色板查询出来的。

RGB：24 位彩色图像，每个像素用 24b 表示，红色、绿色和蓝色分别用 8b 表示。

RGBA：32 位彩色图像，每个像素用 32b 表示，其中 24b 表示红色、绿色和蓝色 3 个通道，另外 8b 表示 alpha 通道，即透明通道。

CMYK：32 位彩色图像，每个像素用 32b 表示，是印刷四分色模式，C 青色，M 品红色，Y 黄色，K 黑色，每种颜色各用 8b 表示。

YCbCr：24 位彩色图像，每个像素用 24b 表示，Y 指亮度分量，Cb 指蓝色色度分量，而 Cr 指红色色度分量，每个分量用 8b 表示，人眼对视频的 Y 分量更敏感。

I：32 位整型灰色图像，每个像素用 32b 表示，0 表示黑，255 表示白，0 到 255 的数字表示不同的灰度。在 PIL 中，从模式 RGB 转换为 I 模式与转换为 L 模式公式相同。

F：32 位浮点灰色图像，每个像素用 32b 表示，0 表示黑，255 表示白，0 到 255 的数字表示不同的灰度。在 PIL 中，从模式 RGB 转换为 F 模式与转换为 L 模式公式相同，像素值保留小数。

（2）滤波模式。

图像滤波是指在尽量保留图像细节特征的条件下对目标图像的噪声进行抑制。

MedianFilter（中值滤波法）是一种非线性平滑技术，它将每一像素点的灰度值设置为该点某邻域窗口内的所有像素点灰度值的中值，消除孤立的噪声点。

GaussianBlur（高斯滤波）是对整幅图像进行加权平均的过程，每一个像素点的值，都由其本身和邻域内的其他像素值经过加权平均后得到。

BLUR：模糊处理。

CONTOUR：轮廓处理。

DETAIL：增强。

EDGE_ENHANCE：将图像的边缘描绘得更清楚。

EDGE_ENHANCE_NORE：程度比 EDGE_ENHANCE 更强。

EMBOSS：产生浮雕效果。

SMOOTH：效果与 EDGE_ENHANCE 相反，将轮廓柔和。

SMOOTH_MORE：更柔和。

SHARPEN：效果有点像 DETAIL。

代码清单 F-1　图像打开、显示、模式变换、保存

```
from PIL import Image
img = Image.open("lena.png")
img.show()
img = img.convert("1")
img1 = img.copy()
img1.show()
img1.save("lenaL.png")
```

Lena 图片是图像处理中被广泛使用的一张标准彩色图片，图中既有低频部分（光滑的皮肤），也有高频部分（帽子上的羽毛），很适合验证各种算法。如图 F.1 所示，程序中首先打开图片，返回图像对象 img，然后使用 img 对象提供的方法（处理对象为 img），分别完成显示、将 RGB 模式变换为二值模式、复制。复制后的图像对象为 img1（二值图像），再将 img1 显示并保存，如图 F.2 所示。

图 F.1　标准图像

图 F.2　二值图像

代码清单 F-2　图像过滤

```
from PIL import Image
from PIL import ImageFilter
img = Image.open("lena.png")
img.show()
img=img.filter(ImageFilter.MedianFilter)
img.show()
img.save("lenaMedianFilter.png")
```

代码清单 F-3　使用函数处理图像

```
from PIL import Image
img = Image.open("lena.png")
print img.getpixel((0,0))
imgnew = Image.eval(img,lambda i:i * 2)
print img.getpixel((0,0))
imgnew.show()
img.show()
```

将原图片的像素点都乘以 2，返回的是一个 Image 对象。由于每个像素点的 R、G、B 通道取值最大为 255，标准图像中原来不为白色的像素乘以 2 后会变成白色，如图 F.3 所示。处理前后坐标(0,0)位置的像素输出结果为

```
(226, 137, 125)
(255, 255, 250)
```

(a) 标准图像　　　　　　(b) 像素值乘以2后图像

图 F.3　标准图像与像素值乘以 2 对比

例中所用的 lambda 表达式，是一种对于简单的函数的简便表示方式。例如：

```
def func(arg):
    return arg +1
result =func(123)      #result=124
```

函数的返回值为参数加 1,写成 lambda 表达式为

```
my_lambda =lambda arg: arg +1
result =my_lambda(123)
```

代码清单 F-4   处理图像像素

```
from PIL import Image
from PIL import ImageFilter
def maxres(x):
    if x>255:
        x=255
    return x
img =Image.open("lena.png")
data=list(img.getdata())
bbox =img.getbbox()
width=bbox[2]
height=bbox[3]
buffer=""
for i in range(0,width):
    for j in range(0,height):
        buffer+=chr(maxres(data[i * width+j][0] * 2))
        buffer+=chr(maxres(data[i * width+j][1] * 2))
        buffer+=chr(maxres(data[i * width+j][2] * 2))
img1=Image.fromstring("RGB",(width,height),buffer)
img1.show()
```

程序运行结果与上例相同。data 中的列表项为每个像素值组成的元组,包括 RGB 三种颜色值(整数)。bbox 包含图像左上角坐标和右下角坐标,是通过 getbbox()方法取得的包含 4 个元素的元组,其中第 3 个数为图像的宽度,第 4 个数为图像高度。在双重循环中,将 data 中每个像素的红色、绿色和蓝色值分别乘以 2,并限定结果不大于 255(1 字节存储二进制数的最大值),将结果用 chr()函数转换为字符,并连接成字符串,最后利用 fromstring()方法将字符串转换成图像对象。

2. socket

socket 又称"套接字",应用程序通常通过"套接字"向网络发出请求或者应答网络请求,使主机间或者同一台计算机上的进程间可以通信。

(1) 网络中进程之间的通信。两台主机之间的通信,准确说应该是两台主机上的两个进程间的通信。在通信过程中,需要标识出双方的进程,在 TCP/IP 协议中,使用网络层的 IP 地址找到对方的主机,使用传输层的端口号找到对方的进程,如图 F.4 所示。

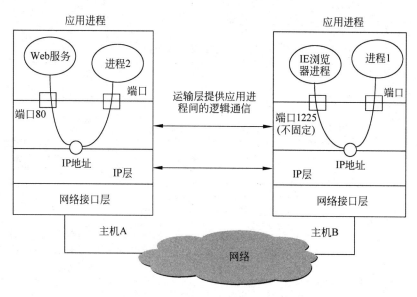

图 F.4　进程通信

① 进程间的通信方式有如下两种。

用户数据报协议(UDP)：不需要确认对方是否收到消息的一种传输方式。接收方收到 UDP 报文后，不需要给出任何确认。UDP 无法保证可靠地交付信息，但是效率高。

传输控制协议(TCP)：在进行通信之前，通信双方必须建立连接才能进行通信，通信结束后终止连接。在通信过程中，采用"确认重发"机制保证消息的可靠传输。

② 客户服务器模式。客户服务器(C/S)模式是两个应用进程通信的常用模式。进程之间是服务和被服务的关系，请求一方为客户，响应请求一方称为服务器。从双方建立联系的方式看，主动启动通信的应用是客户，被动等待通信的应用是服务器。客户是服务请求方，服务器是服务提供方。例如，图 F.4 中所示的通过浏览器访问 Web 服务时，浏览器进程是客户进程，Web 服务进程是服务器进程。

客户服务器模式下通信是双向的，客户和服务器都可以发送和接收数据。

客户程序，在通信时主动向远地服务器发起通信(请求服务)。因此，客户程序必须知道服务器程序的位置，包括 IP 地址和端口号。

服务器程序可同时处理多个远地或本地客户的请求，启动后一直运行，被动地等待并接收来自客户的通信请求。因此，服务器程序不需要知道客户程序的地址。

③ socket 作用如下。使用 TCP/IP 协议的应用程序通常采用应用编程接口 UNIX BSD 的套接字(socket)，实现网络进程之间的通信。就目前而言，几乎所有的应用程序都是采用 socket。使用 socket 编程，隐藏了两个进程间网络通信的具体实现细节，可以像读写文件那样在两个进程间传输数据。

(2) socket 常用方法如下。

① socket()方法创建套接字，格式如下：

```
socket.socket([family[, type]])
```

socket()方法参数取值如表 F.2 所示。

表 F.2 socket()方法参数

参数	值	说 明
family	socket.AF_UNIX	只能用于单一的 UNIX 系统进程间通信
	socket.AF_INET	服务器之间网络通信
	socket.AF_INET6	IPv6
type	socket.SOCK_STREAM	流式 socket，for TCP
	socket.SOCK_DGRAM	数据报式 socket，for UDP
	socket.SOCK_RAW	原始套接字，可以处理普通的套接字无法处理的 ICMP、IGMP 等网络报文；可以处理特殊的 IPv4 报文；可以通过 IP_HDRINCL 套接字选项由用户构造 IP 头
	socket.SOCK_SEQPACKET	可靠的连续数据包服务

创建 TCP Socket：

s=socket.socket(socket.AF_INET,socket.SOCK_STREAM)

创建 UDP Socket：

s=socket.socket(socket.AF_INET,socket.SOCK_DGRAM)

② socket 服务器端方法如表 F.3 所示。

表 F.3 socket 服务器端方法

socket 方法	说 明
bind(address)	将套接字绑定到地址，在 AF_INET 下，以元组(host,port)的形式表示地址
listen(backlog)	开始监听 TCP 传入连接。backlog 指定在拒绝连接之前，操作系统可以挂起的最大连接数量。该值至少为 1，大部分应用程序设为 5 即可
accept()	接受 TCP 连接并返回(conn,address)，其中 conn 是新的套接字对象，可以用来接收和发送数据。address 是连接客户端的地址

③ socket 客户端方法如表 F.4 所示。

表 F.4 socket 客户端方法

socket 方法	说 明
connect(address)	连接到 address 处的套接字。address 的格式为元组(host,port)，如果连接出错，返回 socket.error 错误
connect_ex(adddress)	功能与 connect(address)相同，但是成功返回 0，失败返回 errno 的值

④ socket 公共方法如表 F.5 所示。

表 F.5 socket 公共方法

socket 方法	说　明
recv(bufsize[,flag])	接收 TCP 数据。数据以字符串形式返回，bufsize 指定要接收的最大数据量。flag 提供有关消息的其他信息，通常可以忽略
send(string[,flag])	发送 TCP 数据。将 string 中的数据发送到连接的套接字。返回值是要发送的字节数量，该数量可能小于 string 的字节数
sendall(string[,flag])	完整发送 TCP 数据。将 string 中的数据发送到连接的套接字，但在返回之前会尝试发送所有数据。成功返回 None，失败则抛出异常
recvfrom(bufsize[,flag])	接受 UDP 套接字的数据。与 recv() 类似，但返回值是 (data, address)。其中，data 是包含接收数据的字符串，address 是发送数据的套接字地址
sendto(string[,flag],address)	发送 UDP 数据。将数据发送到套接字，address 的格式为元组 (host, port)，指定远程地址。返回值是发送的字节数
close()	关闭套接字

（3）socket 编程方法如下。

TCP 服务器端：

① 创建套接字，绑定套接字到本地 IP 与端口。

s=socket.socket(socket.AF_INET,socket.SOCK_STREAM), s.bind()

② 开始监听连接 s.listen()。

③ 进入循环，不断接收客户端的连接请求 s.accept()。

④ 然后接收传来的数据，并发送给对方数据 s.recv() 和 s.sendall()。

⑤ 传输完毕后，关闭套接字 s.close()。

代码清单 F-5　TCP 服务器

```
import sys
reload(sys)
sys.setdefaultencoding('utf-8')
import socket
class NetServer(object):
    def tcpServer(self):
        sock =socket.socket(socket.AF_INET, socket.SOCK_STREAM)
        sock.bind(('', 9527))
        sock.listen(5)
        while True:
            clientSock, (remoteHost, remotePort) =sock.accept()
            print("[%s:%s] connect" %(remoteHost, remotePort))
            revcData =clientSock.recv(1024)
            sendDataLen =clientSock.send("this is send data from server")
            print "revcData: ", revcData
            print "sendDataLen: ", sendDataLen
            clientSock.close()
```

```python
if __name__ == "__main__":
    netServer = NetServer()
    netServer.tcpServer()
```

TCP 客户端：

① 创建套接字，连接远端地址。

`s=socket.socket(socket.AF_INET,socket.SOCK_STREAM), s.connect()`

② 连接后发送数据和接收数据 s.sendall() 和 s.recv()。

③ 传输完毕后，关闭套接字 s.close()。

代码清单 F-6　TCP 客户端

```python
import sys
reload(sys)
sys.setdefaultencoding('utf-8')
import socket
class NetClient(object):
    def tcpclient(self):
        clientSock = socket.socket(socket.AF_INET, socket.SOCK_STREAM)
        clientSock.connect(('localhost', 9527))
        sendDataLen = clientSock.send("this is send data from client")
        recvData = clientSock.recv(1024)
        print "sendDataLen: ", sendDataLen
        print "recvData: ", recvData
        clientSock.close()
if __name__ == "__main__":
    netClient = NetClient()
    netClient.tcpclient()
```

UDP 服务器端：

① 创建套接字，绑定套接字到本地 IP 与端口。

`s=socket.socket(socket.AF_INET,socket.SOCK_STREAM), s.bind()`

② 进入循环，接收传来的数据，并发送给对方数据 s.recvfrom() 和 s.sendto()。

代码清单 F-7　UDP 服务器

```python
import sys
reload(sys)
sys.setdefaultencoding('utf-8')
import socket
class UdpServer(object):
    def udpServer(self):
        sock = socket.socket(socket.AF_INET, socket.SOCK_DGRAM)
        sock.bind(('', 9527))
        while True:
```

```
            revcData, (remoteHost, remotePort) =sock.recvfrom(1024)
            print("[%s:%s] connect" %(remoteHost, remotePort))
            sendDataLen = sock.sendto ("this is send data from server",
(remoteHost, remotePort))
            print "revcData: ", revcData
            print "sendDataLen: ", sendDataLen
        sock.close()
if __name__ =="__main__":
    udpServer =UdpServer()
    udpServer.udpServer()
```

UDP 客户端:

① 创建套接字,连接远端地址。

```
s=socket.socket(socket.AF_INET,socket.SOCK_STREAM)
```

② 连接后发送数据和接收数据 s.sento()和 s.recvfrom()。

代码清单 F-8　UDP 客户端

```
import sys
reload(sys)
sys.setdefaultencoding('utf-8')
import socket
class UdpClient(object):
    def udpclient(self):
        clientSock =socket.socket(socket.AF_INET, socket.SOCK_DGRAM)
        sendDataLen =clientSock.sendto("this is send data from client",
                    ('localhost', 9527))
        recvData =clientSock.recvfrom(1024)
        print "sendDataLen: ", sendDataLen
        print "recvData: ", recvData
        clientSock.close()
if __name__ =="__main__":
    udpClient =UdpClient()
    udpClient.udpclient()
```

3. NumPy

NumPy(Numerical Python)是一个开源的 Python 科学计算库。使用 NumPy 能够直接对数组和矩阵进行操作。NumPy 包含很多实用的数学函数,涵盖线性代数运算、傅里叶变换和随机数生成等功能。对于同样的数值计算任务,使用 NumPy 比直接编写 Python 代码便捷得多。NumPy 的大部分代码是用 C 语言写成的,底层算法设计比纯 Python 代码高效得多。NumPy 中数组的存储效率和输入输出性能均远优于 Python 中等价的基本数据结构(如嵌套的 list 容器)。

(1) NumPy 安装。NumPy 的 Win32 安装包下载地址为 https://www.lfd.uci.edu/~gohlke/pythonlibs/，安装文件.whl 下载完成后，使用 pip 命令进行安装。

例如，下载文件并存储在 d:\下：

```
numpy-1.14.5+mkl-cp27-cp27m-win32.whl
```

在命令窗口中执行：

```
pip install d:\ numpy-1.14.5+mkl-cp27-cp27m-win32.whl
```

(2) 创建 ndarray 数组。NumPy 中的多维数组称为 ndarray，这是 Numpy 中最常见的数组对象。该对象由实际的数据和描述这些数据的元数据两部分组成。

NumPy 数组一般是同质的，即数组中的所有元素类型必须是一致的。由于知道数组元素的类型相同，所以能快速确定存储数据所需的空间。Numpy 数组能够运用向量化运算处理整个数组，速度较快。

首先需要导入 NumPy 库，在导入 NumPy 库时通常使用 np 作为简写，这也是 NumPy 官方倡导的写法。

创建 ndarray 数组的方式有很多种，下面介绍使用较多的 3 种方法。

① 使用 array() 方法从列表或元组生成数组。例如：

```
arr1=np.array([1,2,3,4])
arr_tuple=np.array((1,2,3,4))
arr2=np.array([[1,2,4],[3,4,5]])        #生成二维数组
```

② 使用 np.arange(n) 方法生成数组，生成的数组为从 0 开始的 n 个数。

```
arr1 =np.arange(5)                      #生成数组为[0 1 2 3 4]
arr2 =np.array([np.arange(3), np.arange(3)])#等效于 array([[0, 1, 2], [0, 1, 2]])
```

③ 使用 arange() 以及 reshape() 方法创建多维数组。

```
arr =np.arange(24).reshape(2,3,4)
#等效于 array([[[ 0, 1, 2, 3], [ 4, 5, 6, 7], [ 8, 9, 10, 11]], [[12, 13, 14, 15],
[16, 17, 18, 19], [20, 21, 22, 23]]])
```

arange 的长度与 ndarray 的维度的乘积要相等，即 $24=2\times3\times4$。

(3) NumPy 的数据类型如表 F.6 所示。

表 F.6 NumPy 数据类型

类型	描述	类型	描述
bool	用 1 位存储的布尔类型（值为 True 或 False）	uint32	无符号整数，范围为 0 至 $2^{32}-1$
inti	由所在平台决定其精度的整数（一般为 int32 或 int64）	uint64	无符号整数，范围为 0 至 $2^{64}-1$
int8	整数，范围为 $-128\sim127$	float16	半精度浮点数（16 位）：其中用 1 位表示正负号，5 位表示指数，10 位表示尾数

续表

类型	描述	类型	描述
int16	整数,范围为 $-32\,768$ 至 32767	float32	单精度浮点数(32 位):其中用 1 位表示正负号,8 位表示指数,23 位表示尾数
int32	整数,范围为 -2^{31} 至 $2^{31}-1$	float64 或 float	双精度浮点数(64 位):其中用 1 位表示正负号,11 位表示指数,52 位表示尾数
int64	整数,范围为 -2^{63} 至 $2^{63}-1$	complex64	复数,分别用两个 32 位浮点数表示实部和虚部
uint8	无符号整数,范围为 0 至 255	complex128 或 complex	复数,分别用两个 64 位浮点数表示实部和虚部
uint16	无符号整数,范围为 0 至 65 535		

每一种数据类型均有对应的类型转换函数,举例如下。

float64(42)将整数 42 转换为 64 位双精度数 42.0。

int8(42.0)将双精度数 42.0 转换为 8 位整数 42。

bool(42)将整数 42 转换为布尔量 True。

float(True)将布尔量 True 转换为双精度数 1.0。

NumPy 数组是有数据类型的,更确切地说,NumPy 数组中的每一个元素均为相同的数据类型。在定义数组时,可以通过 dtype 属性指定数组数据类型。

```
arr1=arange(7, dtype=float)
print arr1
```

输出结果为:

```
[0. 1. 2. 3. 4. 5. 6.]
```

在使用 dtype 定义数据类型时,也可以用符号表示数据类型,其中整数用 i 表示,其他类型分别为无符号整数 u,单精度浮点数 f,双精度浮点数 d,布尔值 b,复数 D,字符串 S,unicode 字符串 U,void(空)是 V。

```
arr1=arange(7,dtype="f")
```

(4) 访问 NumPy 数组。

① 通过下标访问数组元素。数组的下标从 0 开始。

代码清单 F-9   数组属性与访问

```
a=np.array([[1,2],[3,4]])
print a
print a.dtype
print a.size
print a.shape
print a[0,0],a[0,1],a[1,0],a[1,1]
```

输出结果为

```
[[1 2]
 [3 4]]
int32
4
(2, 2)
1 2 3 4
```

因为在生成数组时没有指定整数类型,数组 a 中存储的整数长度由操作系统位数决定。除了 dtype 属性外,数组的 size 属性给出了数组元素的总个数,shape 属性给出了数组的维度。本例生成的数组包括 2 行 2 列共 4 个数据,因此,size 属性为 4,维度为 (2,2)。数组的下标从 0 开始,第 0 行第 0 列的元素表示为 a[0,0]。

② 一维数组的切片。一维数组的切片操作与 Python 列表的切片操作很相似。创建切片,需要指定所取元素的起始索引和终止索引,中间用冒号分隔。切片将包含从起始索引到终止索引(不含终止索引)所对应的所有元素。省略起始索引表示从第 0 个元素开始,省略终止索引表示到最后一个元素终止。例如,可以用下标 3~7 选取元素 3~6。

代码清单 F-10　一维数组切片

```
a=np.arange(9)
b=a[3:7]
print b
```

输出结果为:

```
[3 4 5 6]
```

③ 二维数组的切片。二维数组的切片操作分为行和列上的切片操作,行和列切片操作用逗号分隔。

代码清单 F-11　二维数组切片

```
a=np.array([[0,1,2,3,4],
            [5,6,7,8,9],
            [10,11,12,13,14]])
b=a[1:3,0:3]
print b
```

结果为

```
[[ 5  6  7]
 [10 11 12]]
```

(5) NumPy 运算。数组可以直接做向量或矩阵运算。

```
def pythonsum(n):
    a = range(n)
    b = range(n)
    c = []
```

```
for i in range(len(a)):
    a[i] = i ** 2
    b[i] = i ** 3
    c.append(a[i] + b[i])
return c
```

使用 NumPy 的代码,实现如下:

```
def numpysum(n):
    a = numpy.arange(n) ** 2
    b = numpy.arange(n) ** 3
    c = a + b
    return c
```

4. OpenCV

OpenCV 是一个 C++ 库,用于实时处理计算机视觉方面的问题,涵盖了很多计算机视觉领域的模块。OpenCV 有两个 Python 接口,老版本的 cv 模块使用 OpenCV 内置的数据类型,新版本的 cv2 模块使用 NumPy 数组,新版 OpenCV 需要 NumPy 包支持。NAO 系统出厂时安装了 NumPy 和 OpenCV。

OpenCV 和 NumPy 的 win32 安装包下载地址为 https://www.lfd.uci.edu/~gohlke/pythonlibs/。安装文件.whl 下载完成后,使用 pip 命令进行安装。

例如,下载文件 opencv_python-2.4.13.5-cp27-cp27m-win32.whl 并存储在 D:\下。在命令窗口中执行 pip install d:\opencv_python-2.4.13.5-cp27-cp27m-win32.whl。OpenCV 部分常用方法如表 F.7 所示。

表 F.7 OpenCV 常用方法

方　法	功　能	说明/示例
imread(filename,mode)	读入图像	filename 为文件名,方法返回值为图像矩阵对象 mode 指定图像用哪种方式读取文件 cv2.IMREAD_COLOR:读入彩色图像,默认参数,读取彩色图像为 BGR 模式 cv2.IMREAD_GRAYSCALE:读入灰度图像 img = cv2.imread("lena.png")
namedWindow(winname,mode)	创建一个窗口	winname 指定窗口名称 mode 指定窗口大小模式 cv2.WINDOW_AUTOSIZE:根据图像大小自动创建大小 cv2.WINDOW_NORMAL:窗口大小可调整
imshow(winname,img)	显示图像	cv2.imshow('image',img)
waitKey(n)	键盘绑定函数	等待键盘输入,等待时间为 n 毫秒,若 n 为 0,一直等待
destoryAllWindows(winname)	删除窗口	winname 指定窗口名称

续表

方　　法	功　　能	说明/示例
imwrite(filename,img)	保存图像	cv2.imwrite("save.gif",img)
Line（img，pointstart，pointend，color，thickness）	在起点和终点间画线	Color 为使用 RGB 表示的颜色，thickness 为宽度 cv2.line(img,(0,0),(511,511),(255,0,0),5)
putText（filename，text，point，color）	将文字输出在图片上	filename 为文件名，text 为输出文字，point 为坐标，color 为文字颜色 cv2.putText(img,'OpenCV',(10,500),(255,255,255))
convert(mode,matrix)	模式转换	返回值为新模式的图像对象 mode 取值：1,L,P,RGB,RGBA,CMYK,YCbCr,I 和 F matrix 为 RGB 转换 L 模式或 RGB 模式的计算公式，为 4 或 16 元组 img=img.convert("L")
filter(filter)	图像滤波	返回值为经过过滤的图像对象 filter 过滤器名称，由 ImageFilter 类定义 filterimg=img.filter(ImageFilter.MedianFilter)
fromstring(mode,size,data)	从字符串创建图像	返回值为创建图像。mode 为图像模式，size 为图像尺寸元组，data 为字符串形式存储的像素数据 img=Image.fromstring("RGB",(640,480),array)
new(mode,size)	创建新图像	返回值为创建图像
crop(box)	裁剪图像	返回值为裁剪图像 box 定义了左，上，右，下像素坐标的 4 元元组
resize(img,size,interpolation)	缩放图片并保存	Size 为新尺寸，是一个宽高二元组，interpolation 为插值类型，默认 cv2.INTER_LINEAR，缩小最适合使用：cv2.INTER_AREA，放大最适合使用：cv2.INTER_CUBIC 或 cv2.INTER_LINEAR cv2.resize(image,(2*width,2*height),interpolation=cv2.INTER_CUBIC)
warpAffine(src,M,dsize)	图像平移	M 为偏移矩阵，包括 x,y 方向距离，dsize 为目标尺寸
getbands()	获取图像所有通道	返回值为元组 print img.getbands() # 输出为('R','G','B')
getpixel((x,y))	获取像素	返回像素，RGB 元组
thumbnail((width,height))	生成缩略图	返回缩略图图像对象，width 和 height 为缩略图宽和高
getbbox()	获取像素坐标	返回四元组像素坐标（左上角坐标和右下角坐标）
getdata(band=None)	获取数据	返回图像所有像素值，使用 list() 转换成列表 data=list(img.getdata())
eval(image,function)	用函数处理图像的每个像素	返回值为图像对象 imnew=Image.eval(img,lambda i:i*2)，每个像素值×2

OpenCV 基本操作示例如下。

代码清单 F-12　打开并显示图片

```
import cv2
img=cv2.imread('lena.png',cv2.IMREAD_COLOR)
cv2.namedWindow('image',cv2.WINDOW_NORMAL)
cv2.imshow('image',img)
cv2.waitKey(0)
cv2.destoryAllWindows()
```

代码清单 F-13　打开并保存图片

```
import cv2
img=cv2.imread('test.png',0)
cv2.imshow('image',img)
k=cv2.waitKey(0)
if k==27:              #等待 Esc 键
    cv2.destoryAllWindows()
elif k==ord('s')       #等待 S 键来保存和退出
    cv2.imwrite('messigray.png',img)
    cv2.destoryAllWindows()
```

代码清单 F-14　获取图片属性

```
import cv2
img=img.imread('test.png')
print img.shape        # (768,1024,3)
print img.size         #2359296 768 * 1024 * 3
print img.dtype        #uint8
```

代码清单 F-15　画一条从左上方到右下角的蓝色线段

```
import numpy as np
import cv2
img=np. zeros((512, 512, 3), np. uint8)          #Create a black image
cv2. line(img,(0, 0),(511, 511),(255, 0, 0), 5)
                       #Draw a diagonal blue line with thickness of 5 px
```

代码清单 F-16　图像平移,平移图片(100,50)

```
import cv2
img=cv2.imread('test.png',1)
rows,cols,channel=img.shape
M=np.float32([[1,0,100],[0,1,50]])
dst=cv2.warpAffine(img,M,(cols,rows))
```

```
cv2.imshow('img',dst)
cv2.waitKey(0)
cv2.destoryALLWindows()
```

平移就是将图像换个位置,如果要沿 (x,y) 方向移动,移动距离为 (t_x,t_y),则需要构建偏移矩阵 M。

$$M = \begin{bmatrix} 1 & 0 & t_x \\ 0 & 1 & t_y \end{bmatrix}$$

其中,(cols,rows)代表输出图像的大小,M 为变换矩阵,100 代表 x 的偏移量,50 代表 y 的偏移量,单位为像素。

代码清单 F-17 图像旋转

```
import cv2
img=cv2.imread('test.png',0)
rows,cols=img.shape
#第1个参数为旋转中心,第2个为旋转角度,第3个为旋转后的缩放因子
M=cv2.getRotationMatrix2D((cols/2,rows/2),45,0.6)      #构造一个旋转矩阵
#第3个参数为图像的尺寸中心
dst=cv2.warpAffine(img,M,(2*cols,2*rows))
cv2.imshow('img',dst)
cv2.waitKey(0)
cv2.destoryALLWindows()
```

代码清单 F-18 图像的特定区域进行操作

```
import cv2
import numpy as np
import matplotlib.pyplot as plt
image=cv2.imread('test.png')
rows,cols,ch=image.shape
tall=image[0:100,300:700]
image[0:100,600:1000]=tallall
cv2.imshow("image",image)
cv2.waitKey(0)
cv2.destoryALLWindows()
```

代码清单 F-19 通道的拆分/合并处理

```
#需要对BGR 3个通道分别进行操作时,将BGR拆分成单个通道。通道合并处理是把独立通道的
#图片合并成一个BGR图像
import cv2
import numpy as np
image=cv2.imread('pitt1.jpg')
rows,cols,ch=image.shape
```

```
b,g,r=cv2.split(image)      #拆分通道,cv2.split()是一个比较耗时的操作,尽量
                            #使用 NumPy
print b.shape               # (768,1024)
image=cv2.merge(b,g,r)      #合并通道
#使用 NumPy 方式
b=image[:,:,0]              #直接获取
```

参 考 文 献

[1] Aldebaran Robotics. Inc. Aldebaran 2.1.4.13 documentation[EB/OL]. [2015-08-27]. http://doc.aldebaran.com/2-1.

[2] Eric Matthes. Python 编程从入门到实践[M]. 袁国忠,译. 北京：人民邮电出版社,2016.

[3] John J Craig. 机器人学导论[M]. 3 版. 负超,译. 北京：机械工业出版社,2006.

[4] Anil Mahtani. ROS 机器人高效编程[M]. 3 版. 张瑞雷,刘锦涛,译. 北京：机械工业出版社,2017.

[5] 孙漫漫. 数据驱动的 NAO 机器人关节运动控制[D]. 武汉：武汉理工大学自动化学院,2014.

[6] 李睿强. 基于 NAO 机器人的自闭症儿童康复训练核心模块的研究与应用[D]. 上海：华东师范大学教育学院,2016.

[7] 孟宪龙. RoboCup 中 NAO 红球识别追踪及自定位研究[D]. 合肥：安徽大学计算机科学与技术学院,2014.

[8] 宗鹏程. 基于 NAO 机器人的视觉目标检测与跟踪[D]. 北京：华北电力大学能源动力与机械工程学院,2015.

[9] Lentin Joseph. 机器人系统设计与制作[M]. 张天雷,译. 北京：机械工业出版社,2017.